U0302094

国家中等职业教育改革发展示范学校建设项目成果

办公软件应用

主编　张秀英

参编　沈彦瑜

机械工业出版社

本书顺应一体化课程教学改革的要求，设计了区别于传统教材的内容，主要将计算机基础知识、Windows 操作、文字录入与编辑、Word、Excel 和 PowerPoint 等的操作技巧整合为 5 个学习任务。通过"在做中学，在学中做""工作即学习，学习即工作"的方式，引导学生完成 "管理自己的计算机""录入网络公司简介""制作宣传小报""制作成绩表并进行数据分析"和"制作某数码产品宣传演示文稿"共 5 个学习任务，从而掌握办公软件的基本操作。每个任务细分为多个学习活动，旨在让学生在完成工作任务的过程中，学会举一反三、掌握相关技能并提高相关职业素养。

　　本书可作为各类职业院校计算机及相关专业的教材，也可以作为计算机类专业教师进行一体化课程教学设计的参考用书。

　　本书配有电子课件，选用本书作为教材的教师可以从机械工业出版社教材服务网www.cmpedu.com 注册后免费下载，或联系编辑（010-88379194）咨询。

图书在版编目（CIP）数据

办公软件应用/张秀英主编. —北京：机械工业出版社，2013.6

ISBN 978-7-111- 42903-6

Ⅰ.①办…　Ⅱ.①张…　Ⅲ.①办公自动化 −应用软件一技工学校一教材　Ⅳ.①TP317.1

中国版本图书馆 CIP 数据核字（2013）第 131225 号

机械工业出版社（北京市百万庄大街22 号　邮政编码100037）
策划编辑：梁　伟　　责任编辑：李绍坤
责任印制：杨　曦
北京中兴印刷有限公司印刷
2013 年 8 月第 1 版第 1 次印刷
184mm×260mm · 8.25 印张 · 200 千字
0 001—2 000 册
标准书号：ISBN 978-7-111- 42903-6
定价：27.00 元

前　言

本书根据工学结合一体化课程理念编写，通过工作过程介绍 Windows XP 操作、Word 2003、Excel 2003 和 PowerPoint 2003 等知识的应用，使学生在掌握计算机办公技术基础和技能的同时，建立起较强的职业意识和良好的职业道德，提高其综合职业能力。

本书有如下特点：

1）在编写方式上，由传统的编写方式改为生动、实用的案例方式。从案例入手，将计算机操作、Microsoft Office 2003 应用的知识恰当地融入案例的分析和实施过程中，不但使学生在学习的过程中能掌握知识点，而且培养他们综合分析问题和解决问题的能力，有利于提高其学习兴趣并改进教学效果。

2）案例均取自实际工作，每个学习任务均包括任务描述、学习目标、学习准备和学习活动 4 个部分。通过贴近实际工作的学习，使学生可以很容易地掌握计算机基本操作和 Microsoft Office 2003 应用的理论和实际操作。

3）内容包括计算机操作和 Microsoft Office 2003 的主要知识点，以上机操作题为主，注重实用，提高了教学的针对性和效率。

本书由张秀英任主编，沈彦瑜参与编写，张利芳、陈实、吴多万、陈武钗等老师和企业人员为本书的编写提供了宝贵的建议。

工学结合一体化课程教学在技工院校中尚属探索阶段，加之编者水平有限，书中难免存在一些不足之处，恳请读者提出宝贵意见和建议。

编　者

目 录

学习任务1 管理自己的计算机

小潘是公司新入职的员工，公司为其配置了新计算机。员工在使用计算机的过程中，为了方便自己操作及保证计算机性能的稳定，对系统进行了基本设置、维护和优化。在使用一段时间后，为了提高计算机的性能进行磁盘清理、碎片整理、文件和文件夹管理等。

1）在教师的指导下，通过查阅相关资料，掌握菜单和任务栏的组成和设置，并能把任务栏和"开始"菜单定制为方便自己使用的形式。

2）独立对"记事本""计算器""画图"等应用程序进行操作，理解、掌握 Windows 组件的用法。

3）通过实操，掌握管理文件和文件夹的概念，可以实现文件和文件夹的建立、复制、移动、删除等操作，形成有系统、有条理的管理文件和文件夹理念。

4）在教师的指导下，理解"控制面板"的作用，根据自己的喜好利用"控制面板"独立完成对 Windows 桌面的个性化设计，或者增加新的硬件或软件。

1）具备互联网环境。

2）办公软件辅助学材（教程、工作页）。

3）已安装 Office 软件的计算机。

4）教学视频。

5）一体化学习工作站。

◎ 学习活动1　设置个性化的计算机桌面

建议学时：1学时。

学习地点：一体化学习工作站。

活动描述

小潘打开计算机后，觉得桌面的背景图片不好看，于是他在互联网上找了一张自己喜欢的图片设置为背景，并把任务栏设置为隐藏的形式。

活动过程

步骤 1 请观察桌面，辨认任务栏并填写桌面中各部分对应的名称（见图 1-1）。

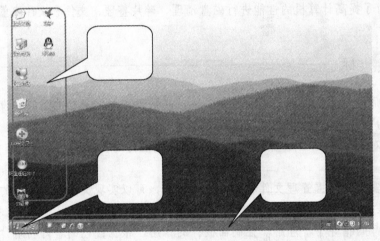

图1-1

步骤 2 观察"开始"菜单。请在表 1-1 中填写 "关闭计算机"中的 3 个选项及其作用。

表 1-1

序号	选项	作用
1		
2		
3		

步骤 3 请在桌面不同位置的任何一个对象或者桌面上空白位置单击、双击鼠标左键或单击鼠标右键。观察情况，在表 1-2 中填写对应操作结果的鼠标操作方法。

表 1-2

鼠标操作	操作结果
	选中一个对象
	启动一个程序或打开一个窗口
	出现一个快捷菜单
	把对象拖动到另一个位置

步骤4 请仔细观察窗口和对话框，并作出区分填入表1-3中。

表1-3

这是：_____	这是：_____
![字体对话框]	![我的电脑窗口]

请问：你是根据什么来区分窗口和对话框的？

_____

_____

步骤5 把任务栏设置为隐藏形式应该怎样操作？请把操作过程补充完整（见图1-2）。

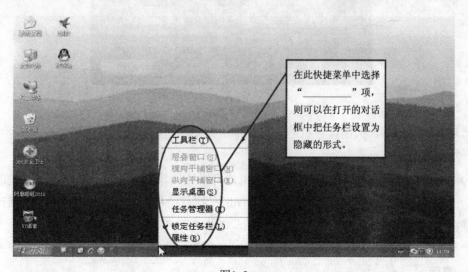

图1-2

步骤6 请在互联网上找一张你喜欢的图片，把它设置为桌面的背景。然后，把桌面以图片形式保存，文件名为"背景+姓名.jpg"（姓名为学生姓名），提交文件。

知识补充

1. 启动与关闭

（1）启动

正确安装 Windows XP 操作系统后，开机、热启动（按<Ctrl+Alt+Del>组合键）或冷启动（按<Reset>键）后，显示器中出现 Windows XP 操作系统启动画面进入启动过程。该过程一般不需要用户干预，系统自动地设置相关程序（如配置程序）。启动正常后，进入 Windows XP 操作系统的图形界面，这时用户便可以在 Windows XP 操作系统的管理和控制下操作计算机，完成自己的工作。

（2）关闭

每次关机之前，必须先关闭 Windows XP 操作系统，因为 Windows XP 操作系统关闭前需要保存当前工作状态、结束所有打开的任务和保存相关的文件。如果直接关闭计算机电源则会出现文件丢失、系统紊乱等问题。

单击 **开始** 按钮，选择 "关闭计算机" 命令，弹出 "关闭计算机" 对话框（见图 1-3）。

图1-3

此对话框询问用户关闭计算机的方式，单击某个按钮即执行相应的操作。

3 个按钮分别如下。

1）"待机"。当用户需要暂时离开计算机，可以让计算机进入等待状态，即低效能状态。

2）"关闭"。关闭计算机。系统退出所有正在执行的程序，保存一些信息，然后自动关闭计算机的电源。

3）"重新启动"。关闭并重新启动计算机。

2. 桌面

进入 Windows XP 操作系统后出现桌面（见图 1-4）。它由图标、任务栏和 "开始" 按钮组成。

图1-4

（1）图标

Windows XP 操作系统采用图形符号来表示可以快捷打开的应用程序、文档和文件夹等。

（2）任务栏

其功能是显示目前程序的执行状态。

（3）"开始"菜单

"开始"菜单包括了 Windows XP 操作系统的所有命令和应用程序。

3．鼠标的操作，见表 1-4

表 1-4

移动	移动鼠标时不按任何键，鼠标指针将随着鼠标的移动而移动，直到目标对象
单击	将鼠标停在某一指定对象上，按下鼠标左键立即放开
单击鼠标右键	按下鼠标右键立即放开。在一个对象上单击鼠标右键，可以弹出一个快捷菜单，菜单中的命令是针对该目标对象的，显示该对象可以执行的动作
双击	将鼠标停在某一指定对象上，然后快速双击鼠标左键，表示打开指定对象窗口或运行应用程序
拖动	将鼠标指针停在某一指定对象 （通常是窗口、对话框或图标）上，按住鼠标左键不放，然后移动鼠标到显示器中的一个新位置，再松开鼠标
指向	将鼠标移动到所要操作的对象上停留片刻，会显示出当前对象的功能解释信息

4．窗口

窗口是用户在桌面上查看应用程序和文档信息的矩形区域（见图1-5）。

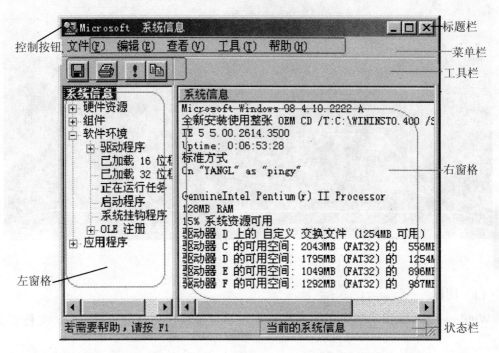

图1-5

5．对话框

对话框是为提供信息或要求用户提供信息而临时出现的窗口。对话框中一般由不同的"栏"和各功能按钮组成，一般包括文本框、单选按钮、复选框、列表框、微调按钮和按钮等（见图1-6）。

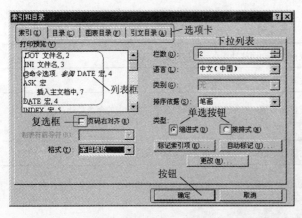
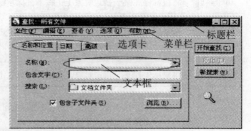

图1-6

活动评价

评价项目	评价标准	评价依据 （信息、佐证）	评价方式			权重	得分小计	总分
			自我评价	小组评价	教师评价			
			20%	30%	50%			
关键能力	1）具有较强的实践能力、创新能力和创新意识 2）能参与小组讨论、相互交流 3）积极主动，勤学好问 4）能清晰、准确地表达 5）能举一反三、自主学习 6）具有团结合作精神	1）课堂表现 2）工作页填写				40分		
专业能力	能熟练修改 Windows XP 操作系统的显示属性	1）课堂表现 2）工作页填写				60分		

班级：　　　　　学号：　　　　姓名：　　　　指导教师：

学习活动2　使用"画图"与"记事本"应用程序

建议学时：1学时。

学习地点：一体化学习工作站。

活动描述

小潘在互联网上看到一句座右铭，很喜欢，于是他把这句座右铭加在了桌面背景的图片上，以便每天都能看到，不断勉励自己努力向上。然后，他把当天要完成的工作记录在一个记事本文件中，以免有所遗漏。

活动过程

步骤1　使用"画图"应用程序。

1）你喜欢的座右铭是什么？

_____

_____

_____

_____

_____

2）在哪里可以找到"画图"应用程序？请简单写出启动画图应用程序的过程。

_____

_____

_____

_____

3）请在"画图"应用程序窗口中，写出 3 部分对应的名称（见图 1-7）。

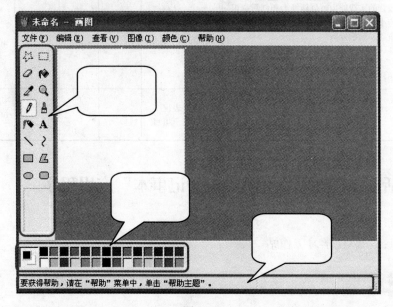

图1-7

4）请指出哪个是用来输入"文字"的工具（见图 1-8）。

图1-8

5）请认识观察"文字"工具栏（见图1-9），完成填写表1-5。

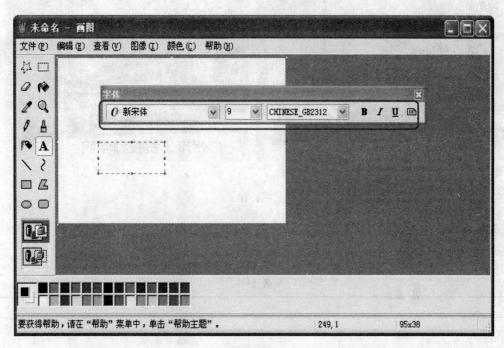

图1-9

表1-5

	利用"文字"工具栏中的各个按钮，可以对文字进行怎样的格式设置？
1	
2	
3	
4	
5	
6	

6）请观察图1-10 a)、b)两幅图，找出它们的不同之处。如果输入文字后发现文字遮挡了后面的图画，该怎么办？如何解决这个问题？

解决方法：

a）　　　　　　　　　　　b）

图1-10

7）"画图"应用程序在保存文件时默认保存的文件类型是什么？它和 JPEG（JPG）格式的图片各自有什么特点，填写表 1-6。

表 1-6

	特　　点
"画图"程序中，默认保存的文件类型是： ———————	
JPEG	

8）请在你用来作背景的图片中写上你喜欢的座右铭，完成后以"座右铭+姓名"为文件名保存，扩展名为".jpg"，提交作品。

步骤2　使用"记事本"应用程序。

1）查阅资料，请说出"记事本"应用程序的主要用途。纯文本是什么？

主要用途：
————————————————————————————————————

纯文本是：
————————————————————————————————————

2）在"记事本"应用程序中以纯文本的形式录入以下内容，文件名自定。

今天要完成的工作：

1．整理会议记录；

2．给参加会议的相关单位发传真；

3．复印会议资料（35 份）；

4．到财务科领支票；

5．外出采购会议用品。

3）打开记事本文件有时会显示一行很长的文本，阅读很不方便，你能让文字到达最右边的时候自动切换到下一行吗？应该怎样设置？

_____

_____

知识补充

1．"记事本"应用程序

"记事本"应用程序是 Windows XP 提供的一个文本编辑程序，用于创建用户文档。选择"开始"→"程序"→"附件"→"记事本"命令，打开记事本应用程序。

"记事本"是纯文本编辑器，用它来创建和编辑小型文本文件。文本即文字的集合，纯文本即无格式的文本，不能对其中的文字设置字体、位置和颜色等。

"记事本"是一个很简单的程序，它对计算机的性能要求很低，运行时占用的计算机资源很少，因而运行效率很高。当系统资源紧张时，人们通常会使用"记事本"进行文字编辑，甚至在计算机出现故障但未死机时，"记事本"还可以用来记录一些重要的文字信息。其扩展名为".txt"。

2．"画图"应用程序

"画图"是 Windows XP 提供的图形编辑程序，又称"画笔"。它是位图绘制应用程序，包括一套完整的绘制工具和色彩块，主要用于创建商用图形、艺术图案等各种类型的图形。通过"画图"应用程序制作的图片默认格式为 24 位位图文件，文件扩展名为".bmp"。也可以用其他格式保存，包括单色位图、低色彩格式位图、高色彩格式位图、JPG 格式文件和 GIF 格式文件等。选择"开始"→"程序"→"附件"→"画图"命令，打开"画图"应用程序。

3．"计算器"应用程序

选择"开始"→"程序"→"附件"→"计算器"命令可以打开"计算器"应用程序。

4．利用系统工具对 Windows XP 操作系统进行维护

（1）检测并修复磁盘

磁盘在使用过程中不可避免地会遇到其表面被划伤或所存储的信息丢失的情形，此时可

以利用"磁盘扫描程序"对磁盘检查和修复。打开"我的电脑",在要检查的盘符上单击鼠标右键,在弹出的快捷菜单中选择"属性"命令。在打开的对话框中的"工具"选项卡中单击"开始检查"按钮,选中相应的复选框后单击"开始"按钮即可进行磁盘的检查并修复错误(见图1-11)。

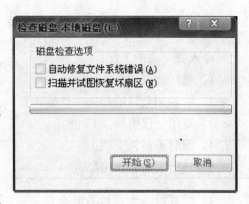

图1-11

(2)整理磁盘碎片

一个文件可能保存在磁盘上不相连区域(簇)中,对磁盘进行读写操作时,如删除、复制和创建文件,经过一段时间磁盘中就会有文件碎片和多余文件,它们将会影响数据的存取速度。对磁盘的碎片进行整理,可重新安排信息、优化磁盘,将分散碎片整理为物理上连续的文件。用 Windows XP 的"磁盘碎片整理程序"整理有助于提高磁盘性能。

选择"控制面板"→"系统工具"→"磁盘碎片整理程序"命令,打开"选择驱动器"对话框。从驱动器下拉列表中选择某一驱动器,单击"设置"按钮打开"磁盘碎片整理程序"对话框(见图1-12),设置完成后单击"确定"按钮开始整理碎片。

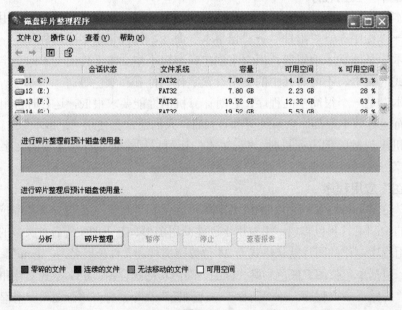

图1-12

(3)使用"磁盘清理程序"删除过时的文件

选择"开始"→"程序"→"附件"→"系统工具"→"磁盘清理程序"命令打开"磁盘清理程序"。

活动评价

班级：		学号：　　　　姓名：　　　　指导教师：							
评价项目	评价标准	评价依据（信息、佐证）	评价方式			权重	得分小计	总分	
			自我评价	小组评价	教师评价				
			20%	30%	50%				
关键能力	1）具有较强的实践能力、创新能力和创新意识 2）能参与小组讨论、相互交流 3）积极主动，勤学好问 4）能清晰、准确地表达 5）能举一反三、自主学习 6）具有团结合作精神	1）课堂表现 2）工作页填写				40分			
专业能力	能灵活使用"画图"和"记事本"应用程序	1）课堂表现 2）工作页填写				60分			

学习活动 3　管理文件和文件夹

建议学时：2 学时。

学习地点：一体化学习工作站。

活动描述

某天，主管给了小潘一个压缩文件，里面有公司的一些资料文件。主管让他把里面的文件进行整理，要求把 2010 年和 2011 年建立的文件找出来并分开放置，每个年份中的文档文件和图片也要分开放置，删除多余的文件，整理好后交回给主管。

活动过程

步骤 1　可以用来管理文件和文件夹的两个工具是：_____和

_____。

步骤 2　请观察资源管理器左边子窗口中的内容（见图 1-13），文件夹或磁盘前的符号是可以操作的，它表示什么意思呢？

1）"+"号：

_____

2）"-"号：

_____

3）文件夹或磁盘前没有符号：

图1-13

步骤3 在表1-7中填写文件名中不能使用的特殊符号。

表1-7

	符号		符号
1		6	
2		7	
3		8	
4		9	
5			

步骤4 在表1-8中填写出常见的扩展名所代表的文件类型。

表1-8

扩展名	文件类型	扩展名	文件类型
COM		DOC	
EXE		BMP	
SYS		TXT	
DBF		XLS	
BAK		HLP	

步骤5 可以实现一次选择多个文件的操作吗？应该怎样操作？请填写表1-9。

表 1-9

多个文件的选择	操作方法
选择连续的文件	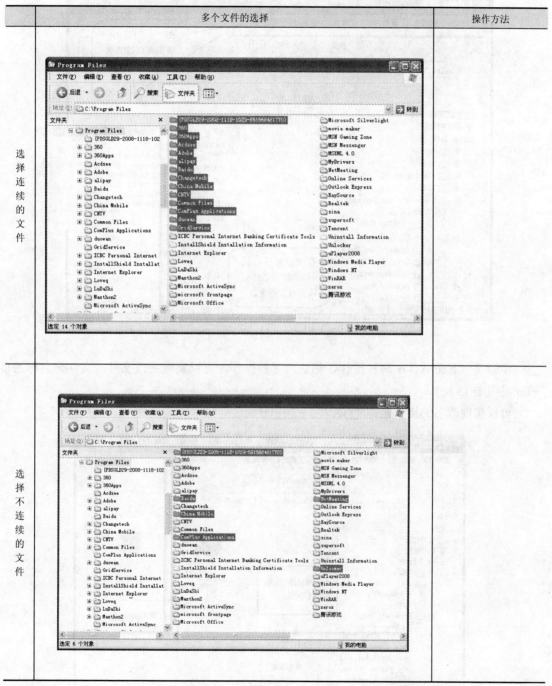
选择不连续的文件	

步骤 6　请观察资源管理器的菜单栏（见图 1-14），含有建立文件、文件夹和快捷方式命令的菜单是_____。

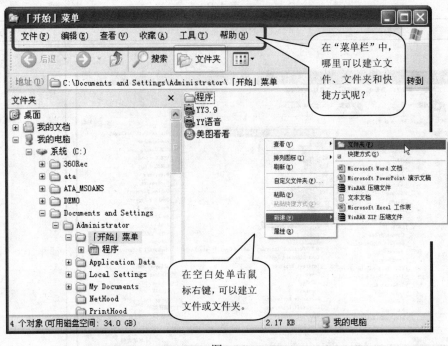

图1-14

步骤7 下面 A、B 两种操作，你认为哪种操作才可以实现更改文件或文件夹名称的目的（见图 1-15）。

可以实现改名的操作是：☐A　　　☐B

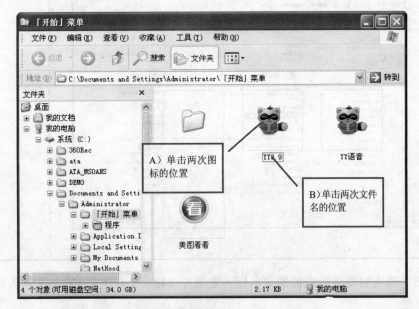

图1-15

步骤 8   复制文件或文件夹会产生一个新文件或文件夹，原来的文件或文件夹依然存在。而移动文件或文件夹则会_____。

步骤 9   复制文件或文件夹的组合键是：<Ctrl>+_____。
            剪切文件或文件夹的组合键是：<Ctrl>+_____。
            粘贴文件或文件夹的组合键是：<Ctrl>+_____。

步骤 10   在"查看"中可以看到文件的大小、类型和修改日期的显示方式是什么（见图 1-16）？

□ 缩略图   □ 平铺   □ 图标   □ 列表   □ 详细信息

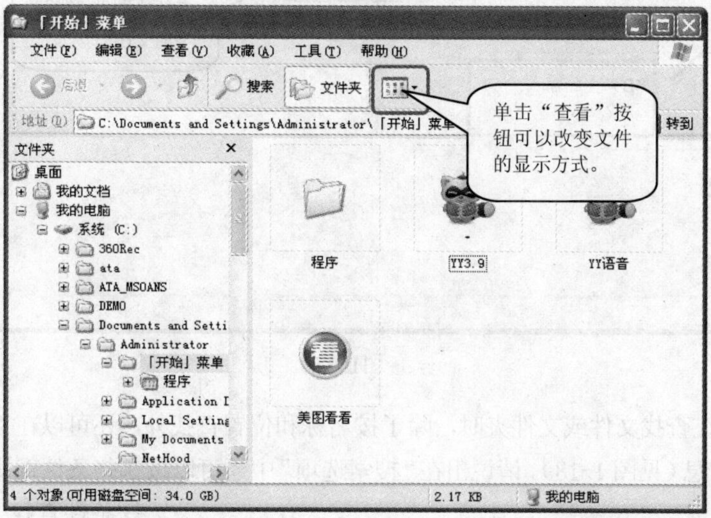

图1-16

步骤 11   在工作中，如果误删除了文件或文件夹，则可以在哪里找回那些文件或文件夹？

_____

步骤 12   根据你的理解，定期清理回收站的目的是什么？

_____

_____

步骤 13   请说出通配符的含义。

"?" 代表：_____。

"*" 代表：_____。

步骤 14   现在要找出所有扩展名为".wav"的文件，请在图 1-17 中选出你认为能实现的操作。

可以找出所有 WAV 文件的操作是：   □A   □B

17

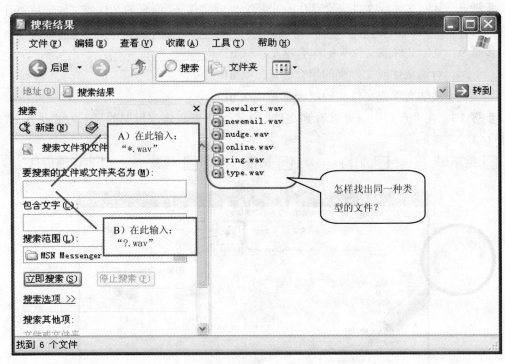

图1-17

步骤 15　在查找文件或文件夹时，除了按名称和位置查找外，还可以在"搜索选项"中设置具体的查找信息（见图 1-18）。请说出在"搜索选项"中还可以按哪些条件查找文件或文件夹？

还可以按_____、_____、_____等条件查找文件或文件夹。

图1-18

步骤 16　假如你是小潘，会怎样做这个工作？请在教师发的文件中进行实际操作，将整理好的文件放在以你的姓名命名的文件夹中，压缩以后提交。

知识补充

1. 文件、文件夹及磁盘

文件：计算机中的文件是一个完整的、有名称的信息集合，例如，程序、程序所使用的一组数据或用户创建的文档都可以称为一个文件。文件是数据的基本存储单位，它使计算机能够区分不同的信息组。

文件夹：文件夹是图形用户界面中用于放置程序和文件的容器，在显示器中用一个文件夹图标表示。文件夹是在磁盘上组织程序和文档的一种手段，其中既可以包含文件，也可以包含其他文件夹。

磁盘：磁盘是通过相对应的通道或"驱动器"进行存取的。在用户的计算机范围内，磁盘由字母和后续的冒号来标定。一般情况下，主硬盘通常被称为"C 盘"。如果用户有多个磁盘分区，每个磁盘的编号由其固有的编号顺序给出，从而使它可以像一个单独的驱动器那样被访问。

2. 在文件名中不能使用的特殊符号见表 1-10

表 1-10

斜线（ / ）	冒号 （ : ）
反斜线 （ \ ）	逗号 （ , ）
垂直线 （ | ）	星号 （ * ）
分号 （ ; ）	问号 （ ? ）
引号 （ " ）	

3. 常见扩展名对应的文件类型

文件名一般由文件名称和扩展名两部分组成，这两部分之间由一个点隔开。在 Windows 图形方式的操作系统下，文件名由 1～255 个字符组成，扩展名由 1～3 个字符组成。常见的扩展名见表 1-11。

表 1-11

扩展名	文件类型	扩展名	文件类型
COM	命令程序文件	DOC	Word文档
EXE	可执行文件	BMP	图形文件
BAT	批处理文件	HLP	帮助文件
SYS	系统文件	INF	安装信息文件
TXT	文本文件	XLS	电子表格文件
DBF	数据库文件	BAK	备份文件

4．文件和文件夹操作

（1）创建文件夹

在所选窗口中，选择"新建"→"文件夹"命令，窗口内会出现一个高亮度显示的文件夹，输入文件夹名称按<Enter>键即可。

若在桌面建立文件夹，则无需打开任何窗口，只要在桌面的任意位置单击鼠标右键，在弹出的快捷菜单中选择"新建"→"文件夹"命令即可。注意，同一文件夹内不允许创建同名的文件夹。

（2）选择文件或文件夹的操作

1）选定一个对象：在左边子窗口或窗口内选定一个对象（文件或文件夹）时单击其名称。

2）选定连续多个对象：在右边子窗口（当前文件夹中）或窗口内先单击选中第一个对象，按<Shift>键的同时单击最后一个对象。

3）选择不连续的多个对象：按住<Ctrl>键，逐个单击各个对象。

4）选择文件夹中的全部对象：在"编辑"菜单中选择"全部选定"命令或按<Ctrl＋A>组合键。

（3）文件或文件夹的移动、复制与删除操作见表1-12

表 1-12

删除文件或文件夹	选中要删除的文件或文件夹，然后按<Delete>键；或选中要删除的文件或文件夹，选择"文件"→"删除"命令；或通过单击鼠标右键弹出的快捷菜单中的"删除"命令；或用鼠标拖动选中文件或文件夹到回收站中 　删除文件夹时，系统将弹出对话框由用户进行确认。单击"是"按钮将执行删除操作，单击"否"按钮放弃删除 　删除文件夹将删除该文件夹内所包含的所有文件及其子文件夹。如果要删除的文件夹处于打开状态，应先将其关闭，然后再删除
复制文件或文件夹	复制文件或文件夹是指把某文件夹及其所包括的文件和子文件夹产生副本，放到新的位置，原位置上的文件或文件夹仍然保留 　选中要复制的文件或文件夹，选择"编辑"→"复制"命令；打开目标文件夹窗口；选择"编辑"→"粘贴"命令
移动文件或文件夹	移动文件夹是移动某一文件夹及其所包括的内容到新的位置，移动文件是将某一文件由一处移到另一处。移动操作与复制操作之间的不同点是，移动后原位置上的文件或文件夹被删除了 　移动文件或文件夹的方法与复制文件或文件夹的方法相类似，所不同的是把"复制"命令改为"剪切"命令 　另外，可用拖动对象的方法对文件进行复制、移动和创建快捷方式。方法是按住鼠标右键拖动选中文件或文件夹后，到目标处松开鼠标。在出现的提示中，选择其中的一项完成操作

（4）文件或文件夹的重命名

选中要重命名的文件或文件夹，按<F2>键或单击要更名的文件或文件夹，选择"文件"→"重命名"命令或单击鼠标右键弹出的快捷菜单中的"重命名"命令，编辑输入新文件或文件夹名即可。

5．被删除文件或文件夹的恢复与清除

（1）文件或文件夹的恢复

在回收站中选择要删除的文件或文件夹选择"还原命令"即可。

（2）文件或文件夹的清除

1）在回收站中选择要删除的文件或文件夹，选择"文件"→"删除命令"即可。

2）在回收站中单击鼠标右键，在弹出的快捷菜单中选择"清空回收站"命令即可。

3）在回收站中选择文件，选择"清空回收站"命令即可。

6．查看与修改文件或文件夹的属性

打开窗口，选择"文件"→"属性"命令，或在选中的文件或文件夹上单击鼠标右键，从弹出的快捷菜单中选择"属性"命令。

选中"只读"复选框后，文件夹或文件不能被修改或删除。

选中"隐藏"复选框后，窗口中的文件、文件夹图标显示为灰色或不显示。

选中"存档"复选框后，表示当前文件或文件夹具有"存档"属性，文件的查找会更加快捷。多数情况下不需设置。

7．Windows XP 操作系统的查找功能

选择"开始"→"搜索"→"文件或文件夹"命令，在"全部或部分文件名"中输入要查找的文件的文件名，选择要搜索的驱器，单击"搜索"按钮开始查找。

8．Windows XP 操作系统的资源管理器

1）在"开始"菜单上单击鼠标右键，在弹出的快捷菜单中选择"资源管理器"命令。

2）通过资源管理器浏览文件。

使用"资源管理器"可以在同一窗口中浏览驱动器、文件夹和文件。资源管理器的窗口分为两栏。

①窗格：位于窗口的左边，用于显示驱动器或文件夹树。

②内容格：位于窗口的右边，用于显示文件夹（或驱动器、桌面、桌面部件）的内容。内容格是当前正在工作的文件夹的内容。内容格中总是将文件夹排在前面，文件排在后面。

在窗格中，文件夹左边的符号如下。

"+"：表示该文件夹下还有子文件夹，但没有展开。

"-"：表示该文件夹中所有文件夹都展开了。

没有任何符号：表示该文件夹中没有子文件夹，只有文件。

9．建立快捷方式

（1）为文件或文件夹创建快捷方式

在要建立快捷方式的文件或文件夹上单击鼠标右键，在弹出的快捷菜单中选择"创建快捷方式"命令，输入快捷方式的名字按<Enter>键。

（2）在桌面上放置快捷方式

在要创建快捷方式的文件或文件夹上单击鼠标右键，在弹出的快捷菜单中选择"发送到"→"桌面快捷方式"命令。

活动评价

班级：		学号：	姓名：	指导教师：					
评价项目	评价标准	评价依据（信息、佐证）	评价方式			权重	得分小计	总分	
			自我评价	小组评价	教师评价				
			20%	30%	50%				
关键能力	1）具有较强的实践能力、创新能力和创新意识 2）能参与小组讨论、相互交流 3）积极主动，勤学好问 4）能清晰、准确地表达 5）能举一反三、自主学习 6）具有团结合作精神	1）课堂表现 2）工作页填写				40分			
专业能力	掌握文件和文件夹的建立、重命名、复制、移动和删除等操作	1）课堂表现 2）工作页填写				60分			

学习活动 4 设置"控制面板"

建议学时：4 学时。
学习地点：一体化学习工作站。

活动描述

小潘发现自己的计算机中没有显示中文双拼输入法，于是他把此输入法添加到语言栏中，方便自己使用。同时，他又觉得系统中的中文字体较少，不能满足自己的需求，因此在互联网上找了几种字体，安装到了计算机中。

活动过程

步骤 1 "控制面板"是对计算机进行控制的地方。它有什么作用呢？
作用：_____

_____

步骤 2 请仔细观察，写出两种打开"控制面板"的方法。
方法 1：_____
方法 2：_____
步骤 3 请使用"控制面板"为系统添加中文双拼输入法，并将添加后的"文字服务和输入语言"对话框以图片的形式保存,文件名为"添加输入法+姓名",提交文件(见图 1-19)。

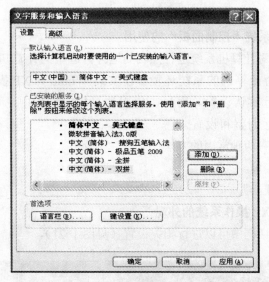

图1-19

步骤 4　请到互联网上下载 1~2 种字体,安装到计算机中,并写出安装字体的过程。

步骤 5　请在计算机中添加一台佳能 BJC-1000 打印机。添加成功后将 "打印机和传真"窗口以图片的形式保存,文件名为"添加打印机+姓名",提交文件(见图 1-20)。

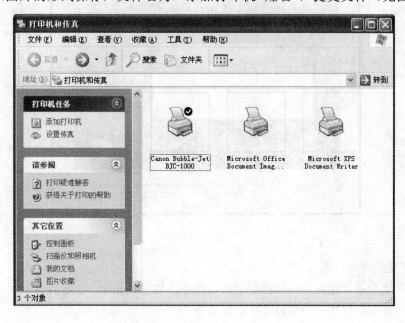

图1-20

知识补充

Windows XP 操作系统 "控制面板" 的使用

"控制面板"就是对计算机系统进行控制的地方。这里的计算机系统包括硬件和软件的各个组成部分，称为计算机的系统环境。在安装 Windows XP 操作系统的时候，它将自动地对系统环境进行默认设置。用户在使用计算机的过程中，可以通过"控制面板"对计算机系统环境进行调整和设置。

打开"控制面板"有两种常用的方法。

1）使用"开始"菜单。

2）使用"资源管理器"。

1. 改变 Windows XP 操作系统的外观

在"显示属性"对话框中可以进行相关设置（见图1-21）。

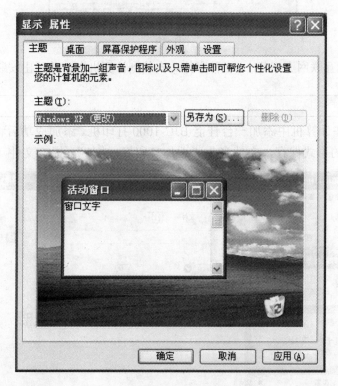

图1-21

（1）改变桌面的背景

选择"开始"→"设置"→"控制面板"命令，双击"显示"图标，打开"显示属性"对话框，在"桌面"选项卡中可以选择桌面背景。

（2）改变桌面的外观

选择"开始"→"设置"→"控制面板"命令，双击"显示"图标，打开"显示属性"对话框，在"外观"选项卡中可以设置"窗口和按钮""色彩方案"和"字体大小"等。

（3）更改屏幕分辨率

选择"开始"→"设置"→"控制面板"命令，双击"显示"图标，打开"显示属性"对话框，在"设置"选项卡中可以设置"屏幕分辨率"等。

（4）设置屏幕保护程序

选择"开始"→"设置"→"控制面板"命令，双击"显示"图标，打开"显示属性"对话框，在"屏幕保护程序"选项卡中可以进行设置。

2．鼠标的设置

在"鼠标属性"对话框中可以设置鼠标的按键（左、右手习惯）、指针（大小、形状）、移动（移动速度）等（见图1-22）。

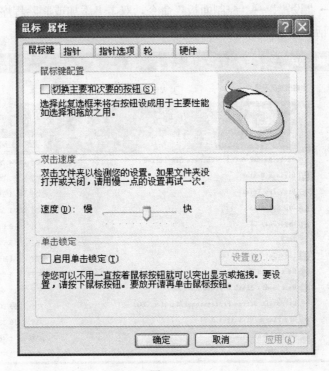

图1-22

（1）调整鼠标键及双击速度

选择"开始"→"设置"→"控制面板"命令，双击"鼠标"图标，打开"鼠标属性"对话框，在"鼠标键"选项卡中可以设置"鼠标键配置""双击速度"等。

（2）调整鼠标指针的移动速度及指针的移动轨迹

选择"开始"→"设置"→"控制面板"命令，双击"鼠标"图标，打开"鼠标属性"

对话框，在"指针选项"选项卡中可以进行相关设置。

（3）更改鼠标指针的外观

选择"开始"→"设置"→"控制面板"命令，双击"鼠标"图标，打开"鼠标属性"对话框，在"指针"选项卡中可以进行相关设置。

3．添加新硬件

（1）安装打印机

选择"开始"→"设置"→"控制面板"→"打印机和传真"命令，双击"添加打印机"图标。

（2）安装其他硬件

把硬件设备与计算机连接好，选择"开始"→"设置"→"控制面板"命令，双击"添加新硬件"图标。

4．添加或删除程序

选择"开始"→"设置"→"控制面板"命令，双击"添加或删除程序"图标，打开"添加或删除程序"对话框（见图1-23），即可添加或删除程序。

图1-23

5．系统管理

（1）查看计算机的系统设置

选择"开始"→"设置"→"控制面板"命令，双击"系统"图标即可查看相关设置。

（2）添加和更改设备驱动程序

选择"开始"→"设置"→"控制面板"命令，双击"系统"图标在"硬件"选项卡中即可进行相关设置。

6．输入法的安装

在"语言栏"上单击鼠标右键，在弹出的快捷菜单中选择"设置"命令，打开"文字服务和输入语言"对话框（见图1-24）。单击"添加"按钮安装输入法。

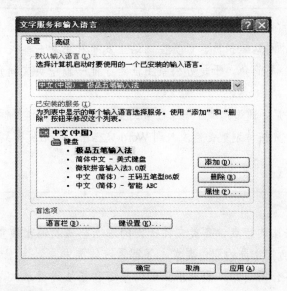

图1-24

活动评价

班级：		学号：	姓名：	指导教师：				
评价项目	评价标准	评价依据（信息、佐证）	评价方式			权重	得分小计	总分
			自我评价	小组评价	教师评价			
			20%	30%	50%			
关键能力	1）具有较强的实践能力、创新能力和创新意识 2）能参与小组讨论、相互交流 3）积极主动，勤学好问 4）能清晰、准确地表达 5）能举一反三、自主学习 6）具有团结合作精神	1）课堂表现 2）工作页填写				40分		
专业能力	掌握输入法的添加和安装新的字体等方法	1）课堂表现 2）工作页填写				60分		

学习任务 2　录入网络公司简介

小陈是网络公司的网站维护员，负责在网站上发布和更新一些关于公司的信息。现在公司要求更新网站中的公司简介，于是办公室主任给了他一篇中英文简介，让他录入并在当天发布到网站上。

小陈接受工作任务后，通过沟通了解了任务的要求，明确了工作目标，确定了工作思路。在收到相关文章资料后，先按计划把资料录入到 Word 文档中，然后发布到网站上。

1）了解各种输入法的特点、各类文件不同的录入格式及输出质量要求，尝试选用输入法和设置输入法，明确打字员的职位要求，了解录入的要求。

2）通过录入网络公司简介，能采用正确的坐姿和指法进行录入，学会文件的分类、整理、衔接和排序检索的方法。

3）通过验收，学会如何校对稿件，发现录入过程中存在的问题，归纳录入技巧。

1）具备互联网环境。

2）办公软件辅助学材（教程、工作页）。

3）金山打字通软件。

4）Word 软件。

5）教学视频。

🌑 学习活动 1　输入法的选用和设置

建议学时：4 学时。

学习地点：一体化学习工作站。

活动描述

小陈接受工作任务后，通过沟通了解了任务的要求，明确了工作目标，确定了工作思路，进行工作准备。

活动过程

步骤 1　接受任务并分析任务要求。

步骤 2　搜索并讨论录入文稿的要求有哪些。

步骤 3　在教师的引导下使用百度进行搜索，了解各类文件不同的录入格式及输出质量要求。

步骤 4　搜索并分析打字员的职位要求。

步骤 5　尝试设置输入法。

步骤 6　了解各种输入法的特点，并尝试初步录入。

1）你知道的输入法有哪些？

2）请讨论并了解常用的输入法，把认识的输入法进行分类填入表 2-1 中。

表 2-1

分类	输入法
拼音输入法	
五笔输入法	

步骤 7　请根据实际情况选择一种输入法，进行设置。

1）观察某种输入法的设置界面（见图 2-1）。

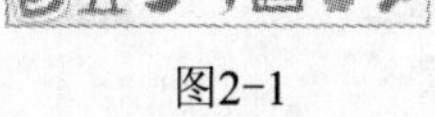

图2-1

2）单击 ⬚ 按钮，查看结果如何？可输入的内容是否为中文？

3）单击 ⬚ 按钮，尝试输入数字，观察单击前后输入的数字有什么变化。

4）单击 ⬚ 按钮，尝试输入标点符号，观察单击前后输入的标点符号有什么变化。

5）单击 ⬚ 按钮，观察出现了什么，然后尝试点击它，观察有什么现象。

步骤 8 打开金山打字通软件，选择自己熟悉的输入法进行练习。

步骤 9 按教师指定的一篇英文短文进行测试（可由教师限定时间，也可按录入完成所用的时间），并在表 2-2 中填写录入速度和正确率。

表 2-2

录入文章	时间	速度	正确率

步骤 10 按教师指定的一篇中文短文进行测试（可由教师限定时间，也可按录入完成所用的时间），并在表 2-3 中填写录入速度和正确率。

表 2-3

录入文章	时间	速度	正确率

知识补充

专业打字员应该具备的能力

1）汉字录入 90 字/分钟以上，其他语种录入应具备相应语言能力。

2）具备一定的文字表达能力。

3）熟练操作计算机办公软件，有排版能力。

4）培养细致的工作作风，减少错误量。

5）身体健康，能适应长时间录入工作。

活动评价

评价项目	评价标准	评价依据（信息、佐证）	评价方式			权重	得分小计	总分
			自我评价 20%	小组评价 30%	教师评价 50%			
关键能力	1）具有较强的实践能力、创新能力和创新意识 2）能参与小组讨论、相互交流 3）积极主动，勤学好问 4）能清晰、准确地表达 5）能举一反三、自主学习 6）具有团结合作精神 7）具有良好的审美意识和情趣 8）具有鉴赏能力	1）课堂表现 2）工作页填写				40 分		
专业能力	1）能进行打字操作 2）掌握录入文稿的要求 3）能收集相关的文字和图片材料 4）具有整理资料的能力	1）课堂表现 2）工作页填写				60 分		

（班级：　　　学号：　　　姓名：　　　指导教师：）

学习活动 2　录入网络公司简介

建议学时：8 学时。

学习地点：一体化学习工作站。

活动描述

小陈在收到相关文章资料后，先按计划把资料录入成为一个 Word 文档，然后发布到网站上。

活动过程

步骤 1　观看文字录入的标准坐姿和指法的教学视频。

步骤 2　认真观察教师现场演示的标准坐姿和指法。

步骤 3　自行尝试坐姿和指法，提高文字录入速度。

步骤 4　分组观察别人的坐姿和指法并分析存在什么问题，将建议反馈给对方进行纠正。

步骤 5　搜索并了解文件的分类、整理、衔接和排序检索的方法。

步骤6 完成录入文稿的任务。

步骤7 将文稿发布到网站上。

步骤8 验收。

1）进行稿件的校对。

2）提交完成的稿件。

3）展示工作成果。

4）进行自评。

5）进行小组互评。

6）总结工作经验。

知识补充

1. 打字练习的方法

初学打字，掌握适当的练习方法对于提高自己的打字速度、成为一名打字高手是必要的。

1）一定把手指按照分工放在正确的键位上。

2）有意识慢慢地记忆键盘各个字符的位置，体会不同键位上的键被敲击时手指的感觉，逐步养成不看键盘的输入习惯。

3）进行打字练习时必须集中注意力，做到手、脑、眼协调一致，尽量避免边看原稿边看键盘，这样容易分散注意力。

4）初级阶段的练习即使速度慢也一定要保证输入的准确性。

总之，正确的指法 + 键位记忆 + 集中精力 + 准确输入 = 打字高手。

2. 打字指法

准备打字时，除拇指外其余的 8 个手指分别放在基本键上，拇指放在空格键上，十指分工"包键到指，分工明确"（见图 2-2）。

图2-2

每个手指除了指定的基本键外，还分工有其他字键，称为它的范围键（见图2-3）。

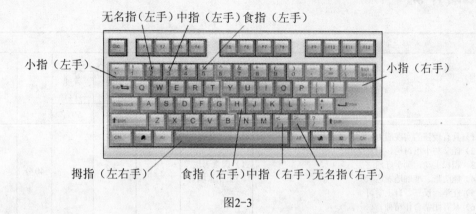

图2-3

掌握指法练习技巧：左右手指放在基本键上；击完键后迅速返回原位；食指击键注意键位角度；小指击键力量保持均匀；数字键采用跳跃式击键。

3. 打字姿势

打字之前一定要端正坐姿（见图2-4）。如果坐姿不正确，不但会影响打字速度的提高，而且很容易疲劳、出错。

图2-4

两脚平放，腰部挺直，两臂自然下垂，两肘贴于腋边。

身体可略倾斜，离键盘的距离为 20～30 cm。

打字教材或文稿放在键盘左边，或用专用夹夹在显示器旁边。

打字时眼观文稿，身体不要倾斜。

活动评价

班级：		学号： 姓名： 指导教师：							
评价项目	评价标准	评价依据 （信息、佐证）	评价方式			权重	得分小计	总分
			自我评价	小组评价	教师评价			
			20%	30%	50%			
关键能力	1）具有较强的实践能力、创新能力和创新意识 2）能参与小组讨论、相互交流 3）积极主动，勤学好问 4）能清晰、准确地表达 5）能举一反三、自主学习 6）具有团结合作精神	1）课堂表现 2）工作页填写				40分		
专业能力	1）正确的打字姿势 2）掌握正确的指法 3）文稿录入的质量 4）掌握文件的分类、整理、衔接和排序检索的方法 5）能收集相关的文字和图片材料 6）掌握校对稿件的技巧	1）课堂表现 2）工作页填写				60分		

学习任务3 制作宣传小报

任 务 描 述

　　林琳是学校某部门的宣传员，现在需要她以环境保护为主题制作电子宣传小报，要求一周内完成初稿并发给相关人员。

　　林琳接受制作小报的任务后，与相关人员沟通，先收集相关文字和图片资料，然后整理资料并进行排版和美化。完成后，她用电子邮件的形式把小报发送给相关人员。

学 习 目 标

　　1）接受排版任务，在此过程中弄清楚排版的基本知识，如排版的形式与原理、排版的设计原则，能分析任务要求，分析优秀排版作品，进而学会版面布局，能独立勾画草图。

　　2）在整理文字及图片资料的过程中，能明确文稿的书写要求、标点符号的使用要求，进行文档的操作，能熟练进行建立、保存文档并录入文稿的操作。

　　3）灵活运用正文排版、标题排版、版式及页眉页脚排版等知识，能进行表格版式处理、插图版式处理，熟练掌握文稿的排版技术，完成排版、美化操作，进而可以制作各种用途的版面设计。

　　4）在评价反馈过程中，应学会欣赏和分析他人的作品，进行客观评价。

学 习 准 备

　　1）具备互联网环境。

　　2）办公软件辅助学材（教程、工作页）。

　　3）已安装 Office 软件的计算机。

　　4）电子小报样张。

　　5）优秀排版作品。

　　6）教学视频。

　　7）评价表。

学习活动 1 接收、分析任务

建议学时：4 学时。
学习地点：一体化学习工作站。

活动描述

林琳收到任务后，进行任务分析和资料收集。

活动过程

步骤 1　了解任务需求并分析排版要求。

步骤 2　打开 IE 浏览器，使用百度搜索并了解排版的基本概念，了解排版的形式与原理。

步骤 3　搜索并分析排版的设计原则。

步骤 4　讨论并分析教师提供的优秀排版作品的特色之处。

步骤 5　在互联网上查找相关的优秀排版作品，并尝试构思自己的排版版面，勾画草图。

请在此画出草图

步骤 6　假如你是林琳，不懂得如何使用 Word 软件，应该怎么办？

步骤 7　你曾经使用计算机进行文字处理吗？主要使用什么软件进行处理的？它可以用来做什么？

知识补充

1. 排版原则

排版时要注意文章的逻辑顺序，按照"由上到下、从左到右"的顺序进行版面安排。在字体和主色调的处理时，要以能够引起读者的阅读兴趣出发，兼顾美观。在划分板块、插入图片时要使版面生动活泼、富有视觉冲击力，使总体突出重点、图文协调、色调和谐。作为刚开始学习排版的人员，可以多让其他人进行点评，多采纳别人的好建议。

2. 正文排版

正文排版应注意下面一些问题。

（1）文字内容排版的基本要求

1）行距与行高。行距是每行字之间的距离，无论一行有多少大小不同的字号总是以本行字最高点与上一行字基线之间的距离为行距；行高是相邻两行字基线之间的距离，即行高=行距+字高。

行距以字高为单位，用字高的倍数来表示，一般书籍版心用 5 号字，行距为半字高（即1/2 个 5 号字高）。

一般书籍的行高为 1.5 倍的字高。在计算机排版时，若一行文字中夹有数学分式，为保持行距不变，则行高增大，使得这一页内的行数改变。为保持版面规范整齐，文字中所排的分式尽可能用"/"符号表示分数线。

2）行首、行末的规定。对文字内容排版时，每段首行除特殊的版式外，一般必须空两格；行首不能见句号、分号、逗号、顿号、冒号、感叹号、问号以及后半个引号、括号、模量号、矩阵号等；行末不能排引号、括号、模量号、矩阵号等符号的前半个。

3）版面行数的规定。除每页的下部分另起篇章之外，版面行数应按规定排足，不宜空行（也称吊脚）。

4）双栏排版面的规定。双栏排的版面，若遇跨栏的图表或公式时，则应以图表或公式为界，其上方左右两栏的文字应平齐，其下方的文字从左栏到右栏接续排。当章、节或每篇文章结束时，左右两栏应平齐。当行数为奇数时，右栏可比左栏行数少。

（2）标点

在 Word 字处理软件中，当对录入的文稿选择的对齐方式为"两端对齐"时，句号、问号、感叹号、省略号、破折号、千进位、小数点等标点符号都将由字处理软件在排版文字中自动处理。

（3）字距

当正文中的汉字夹排外文字母或数字（外文与汉字、数字与汉字、外文与数字之间）时，字距之间应加 4 个空格。

当正文中有数学公式或者算式中一部分有分数式或比例式时，用同号字叠排；分数式仅表示几分之几时，用斜线和小号字排版。

（4）正文中的转行规定

当排正文内容时，下列各项不能分拆转行排列。

1）整个数字、年份；数字前后的附加符号（如%、△、+、−等）；化学键分子式前的键号和基号。

2）简单化学分子式和不以键联系的化学结构式。

3）分子、分母均为单项分式以及用一个根号包含的根式；单项的积分式、行列式、矩阵式。

4）由外文字母组成的算符（如 $\sin\varphi$、$\varphi(x)$ 等）；限制符号的字母与符号。

5）上角指数及上、下角标；连珠号；正文中的文献标号及脚注符号。

6）单音节的外文字，整组缩写的外文字母。

3．标题排版

标题在文章中的排列位置及布局是标题排版设计中重要的内容，不同的布局会产生不同的效果。标题排版根据文章内容及书刊的性质可以有不同的布局。

（1）书刊、报纸标题的特点

1）书籍标题。书籍标题的分级详细、层次明显、格式统一、变化较小，字体字号的选择与正文的对比不宜过分区别。

2）杂志标题。杂志的标题排版形式丰富，有横题、竖题、中心题和串文题等；标题的字体字号变化较大；标题多做底纹或用花边装饰。

3）报纸标题。报纸的标题较长，能概括较多的内容；标题字号大，与正文形成强烈对比；在版面上标题既参差交错又合理布局，排版形式活泼多样。

（2）标题分级与字体、字号的选择

按标题层次的不同将标题划分为有序号和无序号两种类别的标题。

1）无序号标题，由不同的字体、字号区分层次。

2）有序号标题，根据其序码的不同区分不同标题的层次。其层次关系见表3-1。当以章为1级标题时，后面的节、条、款、项分别为2、3、4级标题。

表 3-1

标题类型 / 标题级别	类型1	类型2	类型3
1	甲、乙、丙……	A、B、C……	一、二、三……
2	一、二、三……	a、b、c……	（一）、（二）、（三）……
3	（一）、（二）、（三）……	1、2、3……	1、2、3……
4	1、2、3……	（1）、（2）、（3）……	（1）、（2）、（3）……

标题的字号随级数的增加逐渐缩小，但最小一级的字号不得小于正文字号（如用同号字，则以字体来区别）。同时，标题应该用不同的字体与正文区别，予以突出。

① 同级标题的规定。同级标题的字体、字号应相同，排版格式应一致（包括占行、序号的序码、标点符号以及标题在版面中的位置等）。

② 不同级标题字号选择的规定。不同级标题应按下面的原则选用字号。

a）根据书刊开本的大小选择字号（一般 16 开的书刊，1 级标题选 1 号、2 号字；32 开的书刊选 2 号、3 号字；64 开的书刊选 3 号、4 号字）。

b）根据文章中标题分级的多少选择字号。分级多，则最大一级标题可选大一号的字；分级少，则可适当选小一号的字。

c）根据文章的长短、种类和风格选择字号。文章长，则标题字要大一些。杂志、学报、科研论文等应选大一些的字号。

（3）标题的占行、字间加空及回行

1）标题的占行（又称空行）是指标题字号比正文要占用多一些位置。占行使标题美观醒目，使排版规范化。一般，占行与版面大小、标题字号的大小成正比；占行与版面风格、出版物种类有关（如广告占行多，而论文占行少；书籍占行多，而报刊占行少）。

2）标题的加空。当用 4 号以上的字排字数在 7 个以下的标题时，字距之间留出的空位置称为加空。加空可以保证标题在版面中的位置均衡。

3）标题回行。转行续排的标题称为标题回行。标题应在可停顿处回行。回行后左右居中或齐题字均可，一般标题的上行长于下行，有时因词句不能分割，也可以下行比上行长。报纸标题长度可与正文同版宽回行；图书和杂志标题长度分别大于 3/4 和 4/5 版宽回行。

（4）标题版式

标题版式应以层次分明、美观活泼为原则。

1）标题的排法包括 3 种。

① 接排。上一章正文后紧接下一章的标题称为接排。这种排法可缩小篇幅。

② 另面排。下一个标题排在相邻的下一个版面上（不分单、双页码）称为另面排。这种形式适用于一般书籍与教材。

③ 另页排。下一个标题排在单页码称为另页排。这种形式适用于科技杂志及学报。

2）标题的版式很灵活。

① 居中标题。这种标题用得最多，有时有序号或篇章序数（见图 3-1）；有时序号或篇章全没有（见图 3-2）。

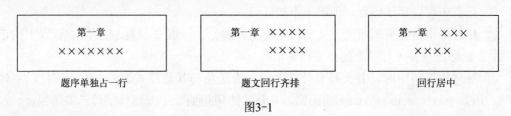

图3-1

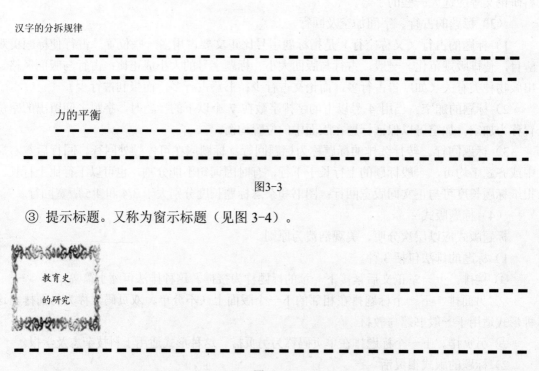

图3-2

② 边题。标题顶格或缩进两格排称为边题。前者占正文两行，后者一般只占一行（见图 3-3 ）。

汉字的分拆规律

————————————————————————
————————————————————————

力的平衡
————————————————————————
————————————————————————

图3-3

③ 提示标题。又称为窗示标题（见图 3-4 ）。

教育史
的研究
— — — — — — — — — — — — —

— — — — — — — — — — — — —

图3-4

3）标题排版注意事项如下。

① 标题中可以穿插标点，但题末不加标点。

② 标题不得排在页末而无正文相随（称为背题）。一般 2 级标题应有 3 行以上的正文相随；3 级标题应有 1 行以上的正文相随。

③ 标题用黑体字时，若夹排有外文字母，为避免与其他算式混淆，外文应排白字体。例如，函数 $x\sin1$、$x\cos1$、$x\tan1$ 的图像。非算式的阿拉伯数字或正体字母一般排黑体。

④ 报纸及刊物上的标题版面应多样化，防止并题、叠题的出现（见图3-5）。

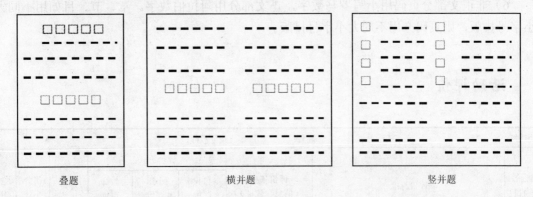

图3-5

4. 目录排版

把书刊或正文内容的篇、章、节等按次序（或按类别）排列，标明页码，称为目录（目次）。目录排在卷首或卷末。通常目录的繁简随正文而定。插图或表格特别多的书籍，可以加排插图或表格目录。

（1）目录排版的字号与字体

目录排版的式样较灵活，根据目录内容的长短可选 5 号、小 5 号或 6 号宋体；目录中也偶尔插入黑体。

16 开本排"目录"两字，目录标题的字体用 4 号黑体，占 5 行，居中排。32 开本（大、小）用 4 号黑体，占 4 行，居中排。

篇名用 4 号仿宋体，占 2 行，居中排；章名用 5 号黑体，占 1 行，顶格排；节名用 5 号书宋体，占 1 行，在章名下缩进 1 格或 2 格，条名一般不列入目录。

（2）目录内容常见版式（详见 Word 软件中的目录索引）

1）当学科分类系统较多时，标题重叠较多，使用阶梯式排版。它的特点是重叠标题依次缩进一格，以首行字首和末行字尾为整体。

2）章名顶格，节名缩进 2 格。

3）篇名居中，章名顶格，节名缩进 2 格，目名缩进 4 格。

4）章名顶格，节名接排。一般在科技书籍的排版中用此版式。

（3）目录版式注意事项

1）目录中 1 级标题顶格排（回行及标明缩格的例外）。

2）目录用通行排，特殊的用双栏排。

3）目录题上不冠书名（期刊例外）。

4）篇、章、节名与页码之间（若为单篇论文或期刊为篇名的目录与作者名之间）加连珠号。如遇回行，行末留空 3 格（字），学报留 6 字，行首应比上行文字退 1 格或 2 格。

5）目录中章节与页码或作者名之间至少有一个连珠号，若无位置应另起一行排。

6）非正文部分页码用小写罗马数字，正文部分用阿拉伯数字。章、节、目如用不同大小字号排版，则页码亦用不同大小字号排版。

活动评价

班级：		学号：　　姓名：　　　指导教师：						
评价项目	评价标准	评价依据（信息、佐证）	评价方式			权重	得分小计	总分
			自我评价	小组评价	教师评价			
			20%	30%	50%			
关键能力	1）具有较强的实践能力、创新能力和创新意识 2）能参与小组讨论、相互交流 3）积极主动，勤学好问 4）能清晰、准确地表达 5）能举一反三、自主学习 6）具有团结合作精神 7）具有良好的审美意识和情趣 8）具有鉴赏能力	1）课堂表现 2）工作页填写				40分		
专业能力	1）能理解排版的要求和基本概念； 2）掌握排版的形式与原理、设计原则 3）能分析排版作品的优缺点 4）能收集相关的文字和图片材料 5）具有整理资料的能力	1）课堂表现 2）工作页填写				60分		

● 学习活动2　整理资料

建议学时：4学时。

学习地点：一体化学习工作站。

活动描述

林琳先了解能使用什么软件完成任务，然后尝试使用该软件进行基础操作。

活动过程

步骤1 现在如果要制作电子宣传小报，那么要哪些前期工作呢？

步骤2 搜索并分析文稿书写的要求。

步骤3 搜索并了解标点符号的使用要求。

步骤4 怎样打开 Word 软件（写出几种打开 Word 软件的方式）？

步骤5 在教师的指导下，打开 Word 软件，观察其窗口，讨论 Word 窗口有哪些组成部分并记录在图 3-6 中？

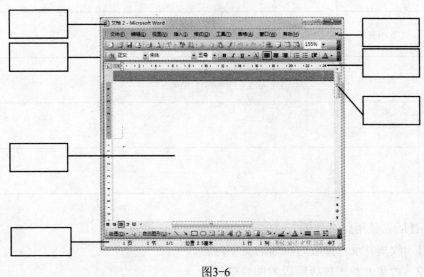

图3-6

步骤6 退出 Word 软件应该如何操作？

步骤7 如何新建 Word 文档？

步骤8 如何保存文档？

步骤 9 "文件另存为"与"保存"有什么区别？

_____

_____

步骤 10 小组通过观察或查阅资料在表 3-2 中填写几种视图的区别。

表 3-2

序号	视图	
1	普通视图	
2	Web 视图	
3	页面视图	
4	阅读版式	
5	大纲视图	

思考：排版常使用什么视图？

步骤 11 收集并录入排版时所需的文字内容。

步骤 12 收集并整理排版所需的图片资料。

知识补充

1. Word 操作窗口

Word 文档编辑窗口，像视窗系统的任一个应用程序窗口一样，具有菜单栏、标题栏、工具栏等组成元素。

1）菜单栏是应用程序窗口中最重要的部分，使用程序时所做的所有操作都可以通过选择菜单命令完成。Word 2003 窗口提供了 9 个菜单选项，分别是"文件""编辑""视图""插入""格式""工具""表格""窗口"和"帮助"。使用菜单时只要用鼠标单击菜单栏中的项，然后在弹出的菜单中选择所需的命令即可。

2）工具栏包括了一系列常用的菜单命令，使用各种工具栏中的按钮可以完成大部分的菜单功能。工具栏以它可以完成的功能命名，如"常用""格式""绘图""图片"等，而且可以在用到时再将它显示。

2．视图

在不同的情况下采用不同的视图方式，可以适合个人的爱好，方便文档编辑。合理的视图设置可以在编辑文档时达到快速准确的效果，提高工作效率。对视图的设置可以使用"视图"菜单中的相应命令或通过单击文档编辑区左下角的相应按钮。

活动评价

班级：　　　　　　学号：　　　　姓名：　　　　指导教师：

评价项目	评价标准	评价依据（信息、佐证）	评价方式			权重	得分小计	总分
			自我评价	小组评价	教师评价			
			20%	30%	50%			
关键能力	1）具有较强的实践能力、创新能力和创新意识 2）能参与小组讨论、相互交流 3）积极主动，勤学好问 4）能清晰、准确地表达 5）能举一反三、自主学习 6）具有团结合作精神 7）具有良好的审美意识和情趣 8）具有鉴赏能力	1）课堂表现 2）工作页填写				40分		
专业能力	1）能建立和保存 Word 文档 2）理解并区分各种视图 3）能收集相关的文字和图片材料 4）具有整理资料的能力	1）课堂表现 2）工作页填写				60分		

学习活动 3　排版、美化

建议学时：16 学时。

学习地点：一体化学习工作站。

活动描述

林琳以环境保护为主题制作电子宣传小报，先完成初稿并发给相关人员。

活动过程

环节 1　选项设置

步骤 1　思考如何进行排版。

步骤 2　搜索并了解正文排版、标题排版及标题版式等相关排版知识。

步骤 3　对文档进行自动保存路径等设置，应该如何实现（可以打开"工具"菜单中的"选项"对话框学习如何进行设置（见图3-7）？

图3-7

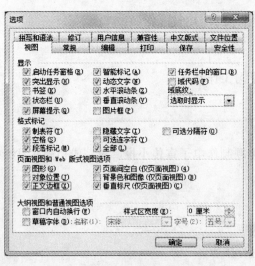

小提示

设置 Word 视图显示效果时，一般情况下，只需要在默认设置中，选中"制表符""空格""段落标记""全部""图形"和"正文边框"等复选框即可（见图3-8）。

图3-8

环节 2 页面设置

步骤 1 设置纸张。

1）页面设置有什么作用？你会进行页面设置吗？

2）要对文档进行页面大小的设置，例如，把页边距都设置为 1 cm（见图 3-9）。这样可以使小报的版面空间更大，可以使用"＿＿＿＿＿＿"菜单中的"＿＿＿＿＿＿"选项进行设置，观察设置后的效果。

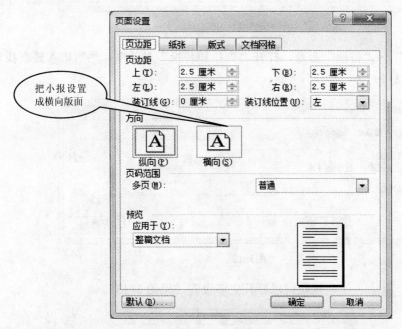

图3-9

步骤 2 设置页眉和页脚（见图 3-10）。

制作电子小报时，可以对它进行页眉页脚的设置，那么在哪里设置，应该如何设置？

图3-10

环节 3 编辑内容

请查看本学习任务学习活动 2 中输入的内容，并思考如下问题。

步骤 1 文字的查找与替换。

1）如果整份电子小报中有几处重复的词录入错误，需要同时更正，那么如何快速更正？

2）请尝试如下操作。

① 选择"编辑"→"＿＿＿＿＿＿"命令，然后输入要查找的内容（见图 3-11）。

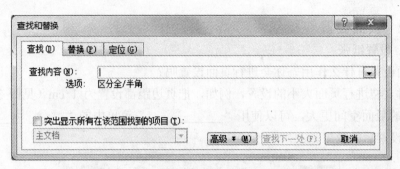

图3-11

② 选择"编辑"→"替换"命令,打开"查找和替换"对话框,然后输入要查找和替换的内容(见图 3-12)。

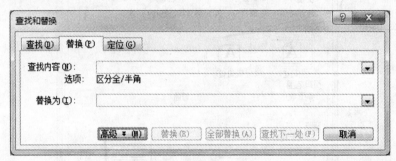

图3-12

单击"＿＿＿＿＿＿＿＿"按钮可以打开更多设置(见图 3-13)。

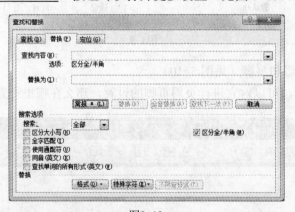

图3-13

小提示

利用"查找"功能可以很方便地查询文档中的指定内容,提高编辑效率。

利用"替换"功能可以快速替换文档中重复出现的内容,也可以用于批量修改重复性的格式。

步骤 2 表格的插入与设置。

1）在排版时，可以使用表格布局。当需要制作一个表格时，需要如何操作？

请尝试制作如下表格。

请尝试如下操作。

① 插入表格，见表 3-3。

表 3-3

1）使用菜单方式	
2）使用工具按钮	

（续）

3）自行绘制	

② 设置表格的属性。选择"表格"菜单中的"表格属性"命令，打开"表格属性"对话框（见图3-14）。

图3-14

③ 表格格式套用。选择"表格"菜单中的"表格自动套用格式"命令，打开"表格自动套用格式"对话框（见图3-15）。

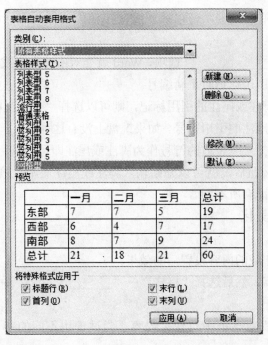

图3-15

使用表格操作技巧对宣传小报进行布局。

步骤3 插入脚注和尾注。

如果小报中要对一个术语进行注释，那么应该如何实现？

1）将光标移到要插入脚注和尾注的位置。

2）选择"插入"→"_____"→"脚注和尾注"命令，可以打开"脚注和尾注"对话框进行设置（见图3-16）。

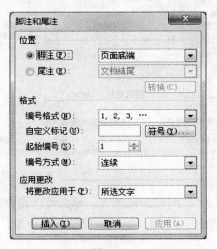

图3-16

51

3）选中"脚注"单选按钮，可以插入脚注；如果要插入尾注，则选中"尾注"单选按钮。

4）如果选择了"＿＿＿＿＿＿"选项，Word 就会对所有脚注或尾注连续编号，当添加、删除、移动脚注或尾注引用标记时重新编号。

5）如果要自定义脚注或尾注的引用标记，则可以选择"自定义标记"，然后在后面的文本框中输入作为脚注或尾注的引用符号。如果键盘上没有这种符号，可以单击"符号"按钮，在"符号"对话框中选择一个合适的符号作为脚注或尾注即可。

6）单击"确定"按钮后，就可以开始输入脚注或尾注文本。输入脚注或尾注文本的方式会因文档视图的不同而有所不同。

环节 4　排版和美化

步骤 1　设置字体。

1）先观察并对比相应的内容设置后的效果。

2）选择相应的文字，然后选择"格式"→"＿＿＿＿＿＿"命令，打开"字体"对话框（见图 3-17）。

① 请分析"字体"对话框中有什么内容，尝试使用不同的字体、字号设置小报的文字内容。

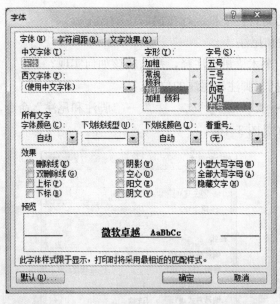

图3-17

② 如果想把标题的字与字之间的距离增大，那么可以设置字符间距（见图 3-18）。请尝试设置"间距""位置"的相应选项，对比设置前后的效果，并选择合适的效果运用到小报的排版中。

图3-18

③ 也可以为电子小报添加动态文字效果，请尝试各种动态效果（见图 3-19）。

图3-19

步骤2 设置段落格式（见图3-20）。

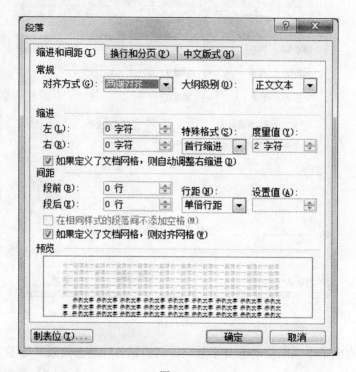

图3-20

请尝试应用各种段落格式，思考设置后的效果有何差异。

1）对齐方式的差异。

2）左右缩进的差异。

3）特殊格式中"首行缩进"与"悬挂缩进"的差异。

4）段前间距与段后间距的差异。

5）行距中各选项的差异。

步骤3 使用艺术字制作标题。

1）在制作小报的过程中，想使用艺术字设计小报的标题，应该如何完成？

2）请尝试如下操作。

① 选择"插入"→"图片"→"＿＿＿＿＿＿＿＿＿＿"命令，打开"艺术字库"对话框（见图3-21）。

② 选择合适的"艺术字"样式（请尝试将同一个标题设置成为不同样式的效果，然后根据制作的小报的版面风格选择合适的样式，见图3-22）。

③ 单击"确定"按钮后，进行艺术字格式的设置（见图3-23）。

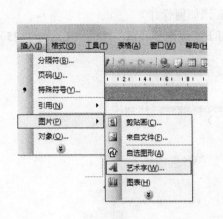

图3-21

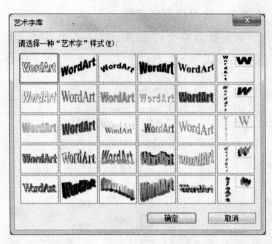

图3-22

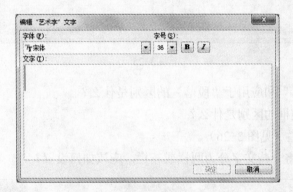

图3-23

输入要设置为艺术字的文字并设置相应的字体、字号和字形。

④ 设置艺术字的版式。

单击已插入的艺术字，即出现艺术字工具栏（见图3-24）。

图3-24

3）分析"艺术字"工具栏中常用的按钮有什么功能。

4）如果要改变艺术字的样式、字体和形状等，那么应该如何操作？

步骤4 插入和编辑图片。

在编辑小报时，有时需要在小报中插入图片，以使整份小报更美观，达到图文并茂的效果。

1）可以插入哪些图片？

2）操作并尝试分析图片的各种版式，灵活使用在小报的制作过程中。

步骤5 设置边框和底纹。

1）如果要为整个页面或一些文字加边框，那么应该如何操作？

选择"格式"→"_____"命令，打开"边框和底纹"对话框（见图3-25）。

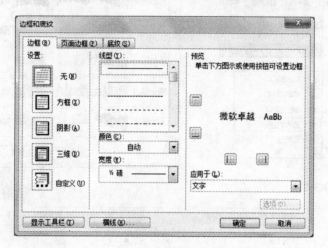

图3-25

2）应用于"文字"和应用于"段落"的区别是什么？

3）边框和页面边框的区别是什么？

步骤6 设置分栏（见图3-26）。

在排版中，可以将一些文字分为两栏或三栏，应该如何设置？

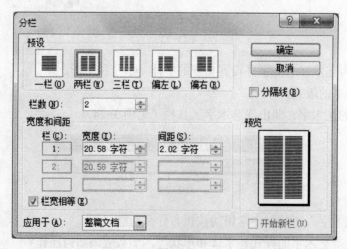

图3-26

步骤7 设置首字下沉（见图3-27）。

如何实现第一个字占多行的位置？

图3-27

小提示

　　通过"首字下沉"中的"位置"选项，可以设置下沉的位置为"下沉"或"悬挂"。

步骤8　设置背景。

1）现在为小报加一个背景图片，应该怎么做？

2）请尝试并运用于小报的制作。

选择"格式"→"背景"命令，观察对应选项的相关设置，见表3-4。

表3-4

相关选项	对话框	效果
其他颜色		

（续）

相关选项	对话框	效果
填充效果	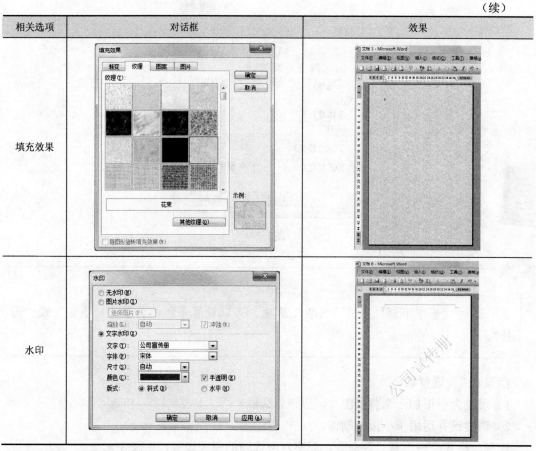	
水印		

步骤9 设置中文版式（见图3-28）。

中文版式中提供了一些专门针对中文进行排版的功能可以美化版面，比如，"拼音指南""带圈字符""合并字符"等，请尝试如何设置，然后灵活运用在小报的美化中。

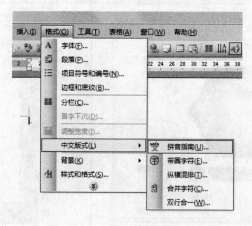

图3-28

1）为文字加拼音（见图3-29）。

图3-29

2）设置带圈字符（为文字增加外圈，可以起美化和强调的作用，见图3-30和图3-31）。

图3-30

图3-31

3）合并字符（将文字合并成一个整体的字符，可以起美化和突出显示的作用，见图3-32。）

图3-32

4）双行合一（见图3-33）。

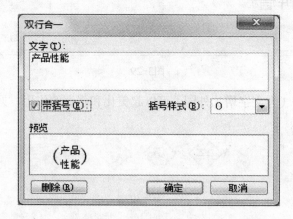

图3-33

环节5　修改与完善

步骤1　分析设计中是否存在错误。根据需要对设计进行调整。

步骤2　针对完成的作品，讨论"设计得好吗？""好在什么地方？""哪些地方可以进行完善？"等问题。

步骤3　提交并发送完成的作品。

步骤4　展示工作成果。

步骤5　进行自评。

步骤6　进行小组互评。

步骤7　总结工作经验。

知识补充

1. 配色方案

1）三原色：红、绿、蓝。

2）各种颜色代表的含义。

60

① 绿色让人容易联想到植物。偏向黄色的绿色就像刚萌发的嫩芽，给人年轻、健康和充满希望的感觉；偏向蓝色的绿色又让人联想到碧绿的湖泊，安详、宁静、晶莹剔透。绿色在黑色的搭配下非常醒目。

② 橙色让人联想到水果和清晨的太阳，因而给人健康、年轻、充满活力、快乐的感觉。同样，作为一种典型的暖色，橙色也能强烈地吸引注意力。橙色与黑色、白色、红色、绿色均搭配良好。

③ 红色让人联想到火焰和鲜血，因而既有热烈、激情、喜庆、华丽的气质，也会给人带来危险、愤怒、敌对、革命等消极及中性的联想。红色是吸引力很强的颜色，红色与黑色、灰色、白色、金色、蓝色等都有很好的搭配效果。

④ 黄色是一种很亮的颜色，既能让人感觉到青春和快乐，经常用作警示。金黄色让人联想到黄金，具有皇家和贵族的气质。黄色与黑色的搭配非常经典，太亮的黄色与白色搭配识别度会降低。

⑤ 蓝色总能让人联想到天空和海洋，作为一种典型的冷色，具有低调、沉稳、缜密的风格。较深的蓝色像宝石一样华丽，又像深海一样镇定、严肃，因而被认为是低调沉稳、严谨理性、富有分析力。较浅的蓝色系则给人干净、清新、脱俗的感觉。蓝色与白色搭配非常合适，浅蓝与橙色、黑色的搭配也很常见。

⑥ 白色作为一种中性色，是很容易搭配的。白色背景会让页面显得干净简洁，但使用白色背景意味着需要坚持简约与完美主义的精神，所以要求素材务必经过精挑细选。

⑦ 紫色跨越暖色和冷色，因而显得神秘，给人的感觉是高贵的、梦幻的或者恐怖的。偏向洋红的紫色有很强的女性气质，偏向蓝色的紫色则容易显得俗气。紫色与黄色是对比色，两者搭配在设计中比较常见。

⑧ 黑色也是一种很容易搭配的中性色，处于黑色背景上的颜色看起来更鲜艳、闪耀，因此在黑色背景上，很适合作多彩的设计。如果仅用白色与黑色搭配，则页面很容易显得枯燥。如果投影环境很暗，那么黑色的屏幕与周围环境融为一体，投影效果会非常大气。黑色给人的感觉是厚重的，因此通常用于调整页面的视觉平衡。但使用纯黑色作为背景会显得很单调，这时应该通过渐变或者纹理效果让黑色背景变得更丰富。

⑨ 灰色也是一种中性色，浅一些的灰色既具有白色的极简主义气质又很柔和，不像白色那样单调。使用灰色作为背景或者辅色是非常实用的，灰色不仅是很容易搭配的色彩，而且几乎是万能的。

⑩ 棕色让人联想到泥土、木材，给人的感觉是自然、简朴、亲近。深棕色结合了灰色和黑色两者的优点，既像黑色一样厚重，又像灰色一样柔和。但与灰色和黑色冷峻、华丽的气质相比，棕色显得更平易近人。棕色也是一种很容易搭配的色彩，无论是橙色、红色、绿色还是蓝色，放在棕色的背景上都会显得非常自然。

2. 表格

1）设置表格的行高和列宽。

先选中要设置的行、列或单元格，单击鼠标右键，在弹出的快捷菜单中选择"表格属性"命令，就会打开"表格属性"对话框。然后在"行""列"或"单元格"选项卡中的"指定宽度"文本框中输入数值即可。

改变行高或列宽的另一种方法是使用鼠标，把光标移动到行（列）标定位栏中需要调整行高的行（列）和其下（右）一行交界处，光标变为双箭头，单击拖动交界线，即可改变。

2）单元格的拆分和合并。

拆分单元格：先选定要进行拆分操作的单元格，选择"表格"→"拆分单元格"命令或单击鼠标右键在弹出的快捷菜单中选择"拆分单元格"命令，打开"拆分单元格"对话框。在该对话框中指定拆分操作后的行数和列数。单击"确定"按钮。

合并单元格：先选定要进行合并操作的单元格，选择"表格"→"合并单元格"命令或单击鼠标右键在弹出的快捷菜单中选择"合并单元格"命令进行拆分。

3）设置边框。

要对表格进行边框设置，则先选中整个表格，选择"表格"→"绘制表格"命令或单击工具栏上的"表格和边框"按钮，就会打开"表格和边框"工具条。分别在"线型"和"粗细"下拉列表中选择需要的线型及线条的大小，然后选择边框的样式即可。

3．页面设置

一篇文档无论是作为书籍的一部分还是作为论文或文件，都必须进行页面设置。页面设置包括纸张大小、页边距、页眉页脚等。对文档进行页面设置的方法是选择"文件"→"页面设置"命令，打开"页面设置"对话框，分别在"页边距""纸型""纸张来源""版式""文档网格"5个选项卡中设置相应的内容。

4．脚注和尾注

脚注和尾注是对文本的补充说明。脚注多用于文档中难于理解部分的详细说明，一般位于页面的底部，可以作为文档某处内容的注释；尾注一般位于文档的末尾，列出引文的出处等。

5．段落设置

段落格式主要包括段落对齐方式、段落缩进距离、行距和段前段后间距等。设置段落格式时通常不用选定整个段落，而只把光标置于段落中的任意位置即可。

6．艺术字

"艺术字"工具栏常用按钮的功能如下。

1）"艺术字格式"，可以设置艺术字的颜色、线条、大小、版式和环绕等。

2）"艺术字形状"，可以根据需要选择形状对艺术字进行设置。

3）"文字环绕"，选择一种环绕方式调整艺术字与正文文字的位置关系。

7．图片处理

单击绘图工具栏中的"三维效果"按钮即可设置艺术字的三维效果。单击"阴影"按钮即可设置艺术字的阴影样式。

插入各种图片的方法如下。

1）插入剪贴画。选择"插入"→"图片"命令，在弹出的子菜单中选择"剪贴画"，打开"插入剪贴画"对话框。在剪贴画库的各种类型图片（如"动物""季节""科学""旅行""办公室"等）中选择相应的类型，打开找到所需要的图片，单击右键选择"插入"命令即把剪贴画插入文档。

2）插入文件中的图片。选择"插入"→"图片"命令，在弹出的子菜单中选择"来自文件"，打开"插入图片"对话框，在对话框的"查找范围"中选择图片所在的位置并选中图片，单击"插入"按钮即可。

3）编辑图片。对插入到文档中的图片进行编辑，包括缩放、图文混排等操作。其中缩放不是改变图片的显示范围而是整体地按比例缩小或放大图片，从而改变图片的大小和视觉效果。方法是先选中图片，单击鼠标右键，在弹出的快捷菜单中选择"设置图片格式"命令，打开"设置图片格式"对话框，在"大小"选项卡的"缩放"选项组内设置数值进行缩放操作，最后单击"确定"按钮。

8. 分栏

Word 分栏排版类似于某些报纸的排版方式，使文本从一栏的底端接到下一栏的顶端。对文本分栏的方法是先选定要进行分栏的文档，选择"格式"→"分栏"命令，打开"分栏"对话框，设置相关选项，如栏数、宽度和间距、栏宽、分隔线等，最后单击"确定"按钮。

活动评价

班级：　　　　　学号：　　　　姓名：　　　　指导教师：

评价项目	评价标准	评价依据（信息、佐证）	评价方式			权重	得分小计	总分
			自我评价	小组评价	教师评价			
			20%	30%	50%			
关键能力	1）具有较强的实践能力、创新能力和创新意识 2）能参与小组讨论、相互交流 3）积极主动，勤学好问 4）能清晰、准确地表达 5）能举一反三、自主学习 6）具有团结合作精神 7）具有良好的审美意识和情趣 8）具有鉴赏能力	1）课堂表现 2）工作页填写				40分		
专业能力	1）能熟练在 Word 文档中插入图片、文本框和艺术字等对象 2）灵活地进行图文混排 3）灵活使用文本框、表格等进行排版 4）熟练设置页眉和页脚	1）课堂表现 2）工作页填写				60分		

拓展练习

能力较强、做得较快的同学，可以灵活运用所学知识点，选做如下内容。

1）编辑一个产品宣传册。

2）制作个人简历。

3）制作论文目录。

学习任务 4 制作成绩表并进行数据分析

方莉是一所技师学院的一名班主任，学期末，需要录入她所带班级的学生成绩，并对班级的成绩进行一些统计工作，如排名、平均分、最高分、最低分等。最后，要将学生的成绩制作成成绩通知书寄给家长。

方莉明确工作目标后，先从各科任教教师那里收集她所带班级的各科成绩，录入到 Excel 工作表中，然后对数据进行统计与分析。统计工作完成后，运用邮件合并功能批量制作出每个学生的成绩通知单并寄出。

1）接受制作成绩统计表的任务，能分析常见的 Excel 报表，懂得 Excel 统计报表的规范化设计，初步了解数据处理软件的知识。

2）在完成采集并录入数据的过程中，能运用数据的输入技巧、规范数字、文本输入等知识，进行采集并录入数据，灵活进行工作簿与工作表的操作。

3）灵活使用 Excel 菜单进行设置单元格格式、表格边框和底纹、打印标题、插入批注等操作，进行编辑修饰成绩表的操作。

4）灵活使用 Excel 的函数和公式进行统计，能灵活运用各种图表区分数据结果，使用排序、筛选等操作完成成绩表的统计与分析。

5）学会使用"邮件合并"操作制作成绩通知单，进而举一反三灵活应用。

6）在验收过程中，学会汇报的技巧、总结表格的处理经验。

1）具备互联网环境。

2）办公软件辅助学材（教程、工作页）。

3）已安装 Office 软件的计算机。

4）成绩表、销售表样张。

5）教学视频。

6）上一学期本班各学科成绩。

7）评价表。

学 习 活 动

学习活动 1　接收制作任务

建议学时：2 学时。

学习地点：一体化学习工作站。

活动描述

方莉明确工作目标后，首先从各学科任教教师那里收集其所管理班级的各学科成绩，然后录入 Excel 工作表中。

活动过程

步骤 1　分小组进行角色扮演。

步骤 2　接受任务并分析制作成绩表的任务要求。

要求制作成绩单、评优分析表和成绩通知单。

成绩单效果图（见图 4-1 和图 4-2）。

	A	B	C	D	E	F	G	H	I	J	K
1	序号	姓名	科目1	平时成绩	期末考试成绩	学期总评成绩	科目2	平时成绩	期末考试成绩	学期总评成绩	科目3
2	1	张三	职业体育与健康	90	100	93	职业价值	85	90	87	Web动画设计
3											
4											

图4-1

	A	B	BU	BV	BW	BX	BY	BZ	CA	CB	CC	CD	CE
1	序号	姓名	旷课	操行扣分	操行加分	操行评分80%	职业素养成绩20%	操行综合总分	操行等级	奖惩情况	评语	备注	职务
2	1	张三	0	0	0	100	100	100	优秀	无	张三同学	无	生活委员
3													
4													

图4-2

评优分析表：使用公式、函数和图表进行分析。

成绩通知单效果（见图4-3）。

广州市工贸技师学院
家长通知书

编号：GMJSXY-QD-24-06　版本号：D/2　流水号：

学生姓名：□　班级：11网站开发与维护高级2班　职务：团支书

2012～2013学年度第一学期各科成绩

科目＼成绩	平时成绩	期末考试成绩	学期总评成绩	科目＼成绩	实习成绩			
					平时成绩	期末考试成绩		学期总评成绩
						应知	应会	合计	
职业体育与健康	98.0	60.0	86.6		/	/	/	/	/
PHP开发(2)	98.6	92.0	96.6		/	/	/	/	/
JavaScript(2)	96.0	61.0	85.5		/	/	/	/	/
沟通与合作	82.5	71.0	79.0	考证成绩	项目			成绩
图形图像处理(中级考证)	93.4	88.0	90.7					
职业与人生	90.0	90.0	90.0					
开放英语(2)	75	57	70	出勤情况				
邓小平理论	85	85	85	项目	节数		备注	
	/	/	/	请假(事假、病假)	0+0		无	
	/	/	/	迟到、早退	0+0			
	/	/	/	旷课	0			

学生操作评定情况

操行扣分	0	操行加分	10	操行评分80%	100	职业素养成绩20%	100	操行综合总分	100	操行等级	优秀

操行等级标准：

85分以上(含85分)操行评定为优秀；　75分以上(含75分)操行评定为良好；
60分以上(含60分)操行评定为及格；　60分以下操行评定为不及格。

奖惩情况	无

备注：①请用黑色钢笔水或黑色签字笔填写，空白处请划上"/"；
　　　②如果学生全勤，请在出勤情况备注栏中填写"全勤。"

班 主 任 评 语

□□□□同学，尊敬师长，团结同学，能严格遵守学校的各项规章制度，除了因家里有事请了一天假外，能做到全勤，没有任何违纪现象，希望下学期继续保持。在学习方面，很积极进取，学习态度很好，学习很认真，每次作业都能认真完成并按时上交。希望你不断进取，争取获得奖学金。担任团支书，在工作方面有所进步，每周都能认真完成广播稿的上交任务，且多次成为优秀稿件，为班争光，希继续保持。

班主任签名：□□□　2013年1月21日

（沿此线截下）
家长对学校德育工作满意调查表回执
（请家长选择其中一项在空格处打"√"）

班级：　　　　　学生姓名：

满意		基本满意		不满意	

家长对学校德育工作的意见或建议（如果没有意见或建议请写"无"）

家长签名：　　　　年　　月　　日

备注：①请学生在新学期注册时务必将此表交给班主任。
　　　②请班主任收齐此表后在开学后第一周内交到班级所在系（校区）。

图4-3

步骤3　这是用什么软件制作的？

步骤4　应该怎么实现？

步骤5　使用辅助学材及互联网，了解数据处理软件、报表的相关知识。

步骤6　打开 Excel 软件，观察该软件的窗口，比较 Execl 窗口与 Word 窗口的异同。

由上到下分别为 "标题栏""菜单栏""常用工具栏""格式工具栏""编辑栏""工作区""工作表标签""水平滚动栏""状态栏"和"垂直滚动栏"。

步骤7　将"行标头""列标头""工作表标签""全选按钮"等填写在窗口的相应位置（见图4-4）。

步骤8　要输入数据，应该在哪里输入？

步骤9　工作簿、工作表、单元格是什么？

步骤10　观察并分析，什么是行、什么是列？

步骤11　一个工作表最多有＿＿＿＿＿＿行＿＿＿＿＿＿列。

步骤12　单元格地址的表示方式是怎样的？填入表4-1中，并思考它们的区别。

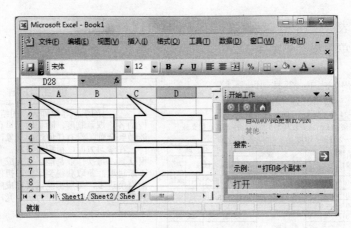

图4-4

表 4-1

引用方式	范例
相对引用	
	A1
混合引用	

步骤 13 搜索并分析如何进行报表的规范化设计。

步骤 14 浏览并分析教师提供的一些报表，并写出完成制作成绩表任务的思路。

知识补充

1. Excel 2003 的窗口

Excel 2003 的窗口由各种元素组成（见图 4-5）。鼠标指针停留在每个按钮上就会出现此按钮的名称提示。

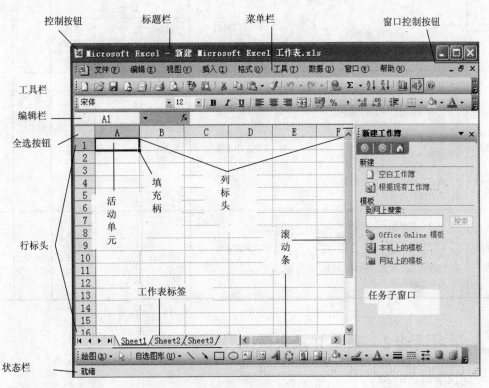

图4-5

2. 活动单元格状态

在 Excel 中，活动单元格就是用粗黑线显示的区域，可通过单击鼠标或键盘方向键选择。活动单元格有两种状态，一是选定状态，单击或用方向键选定，此状态下录入内容会覆盖原有内容；二是编辑状态，双击单元格出现光标闪烁，此状态下可修改原有内容。

3. 工作簿和工作表的关系

工作簿是计算和存储工作数据的文件，每个工作簿中最多容纳 255 个工作表。

工作表是存储数据和分析、处理数据的表格，由 65 536 行和 256 列组成（活动工作表是在工作簿中正在操作的工作表，即当前工作表）。

工作表从属于工作簿，一个工作簿有多个工作表。

工作表只能插入，不能新建；而工作簿只能新建，不能插入（可类比 PowerPoint 的演示文稿和幻灯片的概念）。

69

在一张工作表中，用来显示工作表名称的就是工作表标签。

活动评价

班级：		学号：	姓名：	指导教师：					
评价项目	评价标准	评价依据（信息、佐证）	评价方式			权重	得分小计	总分
			自我评价	小组评价	教师评价			
			20%	30%	50%			
关键能力	1）具有较强的实践能力、创新能力和创新意识 2）能参与小组讨论、相互交流 3）积极主动，勤学好问 4）能清晰、准确地表达 5）能举一反三、自主学习 6）具有团结合作精神 7）具有良好的审美意识和情趣 8）具有鉴赏能力	1）课堂表现 2）工作页填写				40分		
专业能力	1）能建立和保存 Excel 文件 2）理解并区分各种地址引用的方式 3）灵活使用工作簿的操作窗口 4）能收集相关的文字和图片材料 5）具有整理资料的能力	1）课堂表现 2）工作页填写				60分		

学习活动2　采集并录入数据

建议学时：6 学时。

学习地点：一体化学习工作站。

活动描述

方莉将收集到的各学科成绩录入 Excel 工作表中。

活动过程

步骤1　录入从任课教师那里取来的上一学期的各学科成绩。

要求包含下列内容。

序号、姓名、科目1、平时成绩1、期末考试成绩1、学期总评成绩1、科目2、平时成绩2、期末考试成绩2、学期总评成绩2、科目3、平时成绩3、期末考试成绩3、学期总评成绩3、科目4、平时成绩4、期末考试成绩4、学期总评成绩4、科目5、平时成绩5、期末考试成绩 5、学期总评成绩 5、科目 6、平时成绩 6、期末考试成绩 6、学期总评成绩 6、科目 7、平时成绩 7、期末考试成绩 7、学期总评成绩 7、科目 8、平时成绩 8、期末考试成绩 8、学期总评成绩 8、科目 9、平时成绩 9、期末考试成绩 9、学期总评成绩 9、科目 10、平时成绩 10、期末考试成绩 10、学期总评成绩 10、科目 11、平时成绩 11、期末考试成绩 11、学期总评成绩 11、实习科目 1、平时成绩 1、应知 1、应会 1、合计 1、学期总评成绩 1、实习科目 2、平时成绩 2、应知 2、应会 2、合计 2、学期总评成绩 2、考证科目 1、成绩 1、考证科目 2、成绩 2、事假、病假、迟到、早退、请假（事假、病假）、迟到、早退、旷课、操行扣分、操行加分、操行评分 80%、职业素养成绩 20%、操行综合总分、操行等级、奖惩情况、评语、备注、职务。

步骤 2　在录入过程中，思考数据的输入有什么技巧（见图 4-6）。

步骤 3　在打开的 Excel 2003 工作簿窗口中，单击 Sheet1 工作表标签，选择 Sheet1 工作表。

步骤 4　进行插入工作表、删除工作表、复制工作表、移动工作表和重命名工作表等操作。

步骤 5　用鼠标单击 A1 单元格，

图4-6

选择熟悉的中文输入法，输入"××班××学期成绩"（以自己的班级和所在学期命名），按 <Enter> 键确认或单击编辑栏中的"输入"按钮确认。

步骤 6　依次输入各单元格内容，其中，学号各数据输入时，要用半角单引号"'"引导。

小组讨论并尝试快速录入如下数据，然后利用该技巧，完成成绩表中"序号"部分（见图 4-7）。

	A	B	C	D	E	F	G	H
1	甲	Sunday	一月	正月	第一季	子	0911	1/17
2	乙	Monday	二月	二月	第二季	丑	0912	2/17
3	丙	Tuesday	三月	三月	第三季	寅	0913	3/17
4	丁	Wednesday	四月	四月	第四季	卯	0914	4/17
5	戊	Thursday	五月	五月		辰	0915	5/17
6	己	Friday	六月	六月	第一季度	巳	0916	6/17
7	庚	Saturday	七月	七月	第一季度	午	0917	7/17
8	辛		八月	八月	第一季度	未	0918	8/17
9	壬		九月	九月	第一季度	申	0919	9/17
10	癸		十月	十月	第一季度	酉	0920	10/17

图4-7

71

步骤7　观察其他同学在录入时是否使用数字键盘进行录入，并观察这样做会不会让录入速度提高。

步骤8　分析录入过程中各单元格的数据类型，并掌握规范数字、文本的输入技巧。

步骤9　灵活进行工作簿和工作表的操作。

步骤10　核对录入的数据。

步骤11　以自己的姓名为文件名保存该文件，并发送到邮箱用于下次使用。

知识补充

Excel 数据录入的技巧

（1）快速录入分数

通常在单元格内输入分数 8/9 会显示为 8 月 9 日，如果想避免这种情况发生，除了将单元格格式设置为"分数"外（Excel 2000 有分数格式），则输入 8/9 时在它前面添加一个 0 和一个空格（在 0 与 8/9 之间）即可，但是用此法输入的分母最大不能超过 99。

（2）录入文本格式数字

如果要在单元格中输入文本格式的数字（如"身份证号码"），除了事先将单元格设置为文本格式外，则只须在数字前面加一个"'"（单引号）即可。

（3）行或列重复填充

如果要在同一行或列内重复填充某些数据，可按以下方法操作。选中包含原始数据的单元格（或区域）；将鼠标移至所选区域右下角的填充柄，当光标变为小黑十字时，按下鼠标左键拖过所有需要填充的单元格再松开鼠标。

注意：如果被选中的是数字或日期等数据，可能会以序列方式填充，这时应按<Ctrl>键再拖动。

（4）周围数据填充

如果要填充的数据与周围单元格（或区域）中的数据相同，可用以下方法快速重复填充。

1）按<Ctrl+D>组合键，将上方单元格中的数据填充进来，按<Ctrl+R>组合键，将左侧单元格中的数据填充进来。

2）选择"编辑"→"填充"→"向上填充"或"向左填充"命令，可将下方或右侧单元格中的数据填充进来。

注意：如果要填充的是一个区域，可先将其选中，再按 2）进行操作，即可将对应区域内的数据填充进来。

（5）简单序列填充

数字、日期等简单序列填充

1）在起始单元格中输入序列的初值，然后在下方或右侧的单元格中输入序列的第二个值，这两个值的差就是序列的步长。

2）选中已输入的所有单元格，将鼠标移至所选区域右下角的填充柄，当光标变为小黑十字时，按下左键沿行或列拖动。如果要按升序排列，应由上而下或由左而右拖动。如果要按降序排列，应由下而上或由右而左拖动。

（6）自定义序列填充

如果输入的序列比较特殊，可以先加以定义，再像内置序列一样使用。自定义序列的方法如下。

1）选择"工具"→"选项"命令，打开"选项"对话框中的"自定义序列"选项卡。

2）在"输入序列"文本框中输入自定义序列的全部内容，每输入一条按一次<Enter>键，完成后单击"添加"按钮。整个序列输入完毕后，单击对话框中的"确定"按钮。

（7）选择填充

若需要填充前一两个单元格中已输入过的数据（文本或文本与数字的混合，纯数字不可以），则可以采用以下方法。

1）让光标停留在需要填充的单元格。按<Alt+↓>组合键打开本列已填充内容列表。单击鼠标右键，在弹出的快捷菜单中选择"选择列表"命令，打开本列已填充内容列表。

2）用上下方向键选中列表中需要填充的内容后按<Enter>键，或直接用鼠标单击所需的内容，它就被填入内容列表上方的单元格。

（8）双击序列填充

此法适用于填充列左侧有完整数据列的情况，用于排名次等场合非常方便。填充方法如下。

1）若要填充数字序列，则可以在起始单元格中输入两三个数字，全部选中后双击填充柄。产生的序列会自动向下填充，直到左侧数据列的空白单元格处为止。

2）若要填充含数字的文本序列（如"第 1 名"之类），则可以在起始单元格中输入序列初始值（如"第1名"），将其选中后双击填充柄，产生的序列就会自动向下填充，直到左侧数据列的空白单元格为止。

（9）工作表重复填充

如果想一次填充多张相同的工作表，省略复制、粘贴等操作，则可以采用以下方法。

1）选中需要填充相同数据的工作表。

若要选中多张相邻的工作表，则可以先单击第一张工作表标签，按住<Shift>键后单击最后一张工作表标签。若要选中多张不相邻的工作表，则可以先单击第一张工作表标签，按住<Ctrl>键后单击要选中的其他工作表标签。

2）如果在已选中的任意一张工作表内输入数据，则所有选定工作表的相应单元格会填入同一数据。

如果需要将某张工作表已有的数据快速填充到其他工作表，则可以采用以下方法。按下<Ctrl>键选中含有数据的工作表和待填充数据的工作表，再选中含有数据的单元格区域，最后选择"编辑"→"填充"→"至同组工作表"命令，在对话框中选择要填充的内容（"全部""内容"或"格式"）后单击"确定"按钮。

活动评价

班级：		学号：	姓名：	指导教师：				
评价项目	评价标准	评价依据（信息、佐证）	评价方式			权重	得分小计	总分
			自我评价	小组评价	教师评价			
			20%	30%	50%			
关键能力	1）具有较强的实践能力、创新能力和创新意识 2）能参与小组讨论、相互交流 3）积极主动，勤学好问 4）能清晰、准确地表达 5）能举一反三、自主学习 6）具有团结合作精神 7）具有良好的审美意识和情趣 8）具有鉴赏能力	1）课堂表现 2）工作页填写				40分		
专业能力	1）掌握不同类型数据的输入技巧 2）进行数据的录入与核对 3）能收集相关的文字和图片材料 4）具有整理资料的能力	1）课堂表现 2）工作页填写				60分		

学习活动3 编辑修饰成绩表

建议学时：2学时。

学习地点：一体化学习工作站。

活动描述

方莉接着进行数据格式、边框和底纹等数据表的编辑修饰设置。

活动过程

步骤1 查看各菜单有些什么选项，然后小组讨论、分析各菜单的作用。

步骤2 灵活使用 Excel 菜单进行操作。

步骤3 进行数据格式的设置（见图4-8）。

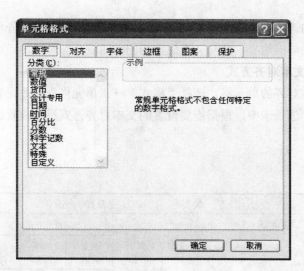

图4-8

步骤4　进行表格边框和底纹的设置（见图4-9）。

图4-9

步骤5　分析批注的作用，并灵活运用在成绩表中。

知识补充

1. 设置单元格边框

选择要添加边框的所有单元格，选择"格式"→"单元格"命令，打开"单元格格式"对话框。在"边框"选项卡的"线条"选项组中的"样式"中可以选择所需的线型样式，还可以在"颜色"中指定不同的颜色，单击"外边框"按钮，最后单击"确定"按钮即可。要设置含有旋转文本的选定单元格的样式，单击"预置"选项组中的"外边框"和"内部"按钮，边框应用于单元格的边界，会与文本旋转相同的角度。

2．设置单元格文本对齐方式

选择要设置文本对齐的单元格，选择"格式"→"单元格"命令，打开"单元格格式"对话框。在"对齐"选项卡中，根据需要设置的文本对齐方式进行设置即可。

活动评价

班级：　　　　　　学号：　　　　　姓名：　　　　　指导教师：

评价项目	评价标准	评价依据（信息、佐证）	评价方式			权重	得分小计	总分
			自我评价	小组评价	教师评价			
			20%	30%	50%			
关键能力	1）具有较强的实践能力、创新能力和创新意识 2）能参与小组讨论、相互交流 3）积极主动，勤学好问 4）能清晰、准确地表达 5）能举一反三，自主学习 6）具有团结合作精神 7）具有良好的审美意识和情趣 8）具有鉴赏能力	1）课堂表现 2）工作页填写				40分		
专业能力	1）进行设置数据格式的操作 2）灵活运用设置边框和底纹等操作进行工作表的修饰与美化 3）能收集相关的文字和图片材料 4）具有整理资料的能力	1）课堂表现 2）工作页填写				60分		

◉ 学习活动4　成绩表的统计与分析

建议学时：6学时。

学习地点：一体化学习工作站。

活动描述

方莉对班级的成绩进行一些统计工作，如排名和统计平均分、最高分及最低分等。

活动过程

步骤1　分析要统计什么内容，思考要用什么公式。

步骤 2　分析常用函数的作用并填入表 4-2 中，然后查找并了解其他函数。

表 4-2

函数名	作用
Sum	统计总分
Average	
Max	
Min	

步骤 3　区分常见函数的功能及用法，然后灵活用于成绩表的相关计算。

1）统计总分。

2）统计各学科平均分。

3）按平均分进行降序排序。

4）使用自动筛选功能，筛选出符合评三好学生、优秀班干部的名单。评优标准详见《学生手册》。

步骤 4　展示未创建图表的工作表和已创建图表的工作表。

讨论原始的工作表和已创建图表后的工作表，哪一种更直观、更能一目了然地反映数据的趋势？

步骤 5　如何使用图表进行成绩统计？

1）选定数据区域，根据图表向导分析各种图表的特征。

2）创建图表，如柱形图等（见图 4-10）。

图4-10

77

区分工作中常用的数据图形，请在表 4-3 中填写对应的图表类型。

表 4-3

数据图形

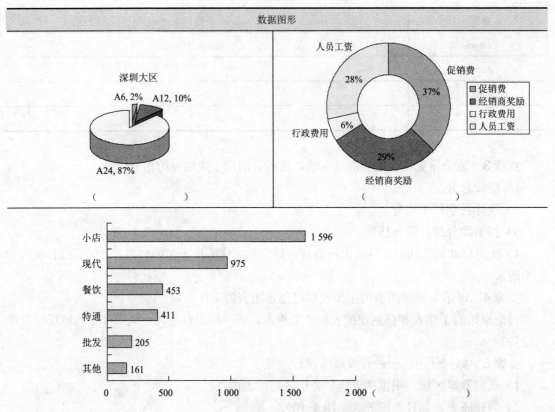

深圳大区
A6, 2%　A12, 10%
A24, 87%

（　　　　　）

人员工资 28%　促销费 37%
行政费用 6%
经销商奖励 29%

促销费
经销商奖励
行政费用
人员工资

（　　　　　）

小店　1 596
现代　975
餐饮　453
特通　411
批发　205
其他　161

0　500　1 000　1 500　2 000　（　　　　　）

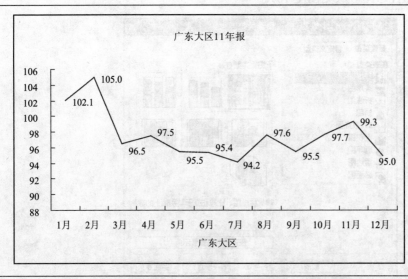

广东大区11年报

102.1　105.0　96.5　97.5　95.5　95.4　94.2　97.6　95.5　97.7　99.3　95.0

1月　2月　3月　4月　5月　6月　7月　8月　9月　10月　11月　12月

广东大区

（　　　　　）

（续）

数据图形

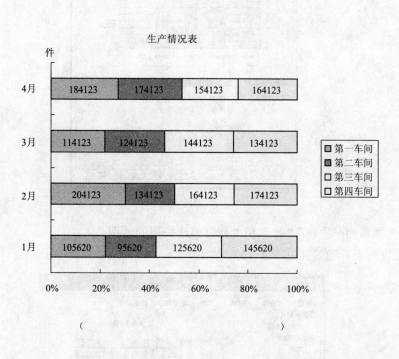

（　　　　　　　　）

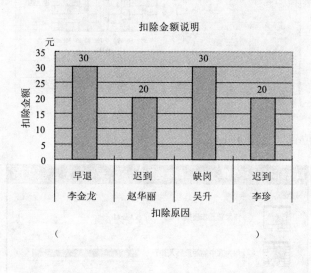

（　　　　　　　　）

3）设置数据源（见图 4-11）。

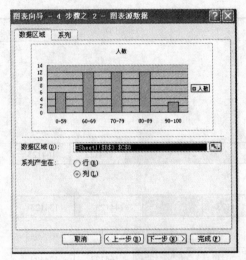

图4-11

请思考"系列产生在""行"和"列"单选按钮的区别。

4）设置图表标题等（见图4-12）。

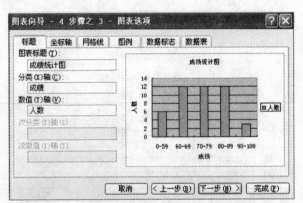

图4-12

5）选择图表的位置（见图4-13）。

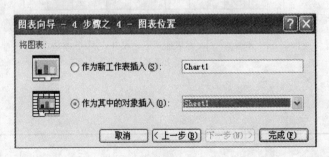

图4-13

请思考分别选中两个单选按钮的结果有何区别？

6）分析图表的各组成部分，并进行美化（见图4-14）。

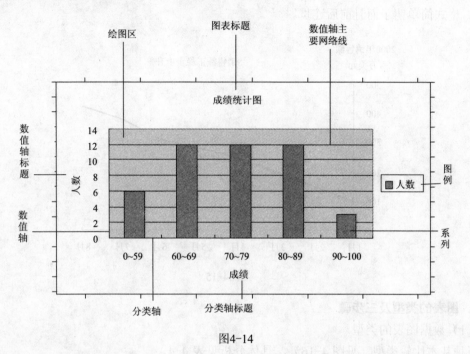

图4-14

请思考如下问题

1）如何将创建的图表改为折线图？

2）如何显示数据标志？

3）如何将嵌入式的图表改为图表工作表？

4）更改单元格中的数据，图表中的数据是否会变化？

知识补充

1. 图表的作用及五要素

（1）图表的作用

1）迅速传达信息。

2）直接专注重点。

3）更明确地显示其相互关系。

4）使信息的表达鲜明生动。

（2）优秀的图表具备五要素（见图 4-15）

1）图表与标题相辅相成。

81

2）每张图表都要传达一个明确的信息。

3）清晰易懂。

4）少而精。

5）格式简单明了而且前后连贯。

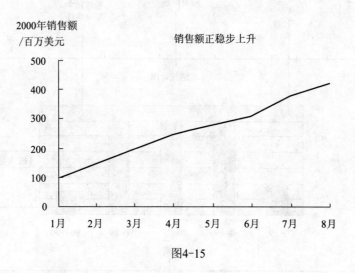

图4-15

2．图表的类型及三步骤

（1）数据图表的类型

五种基本比较类型（见图4-16），具体分析见表4-4。

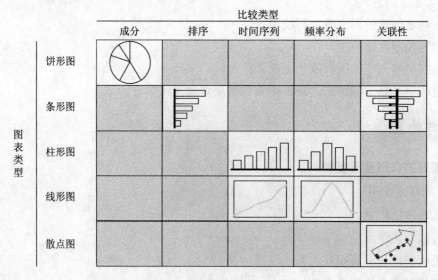

图4-16

82

表 4-4

	比较类型	举　例
成分	各个部分占整体百分比的大小	深圳大区销量占南销整体的百分比
排序	不同元素的排序（并列、高于/低于其他元素）	南销六大区一季度达成进度的排序
时间序列	一定时间内的变化（在几周、几个月或几年间的变化趋势：上升、下降或保持稳定）	南销从 2008～2012 年的销量变化趋势
频率分布	在渐进数列中的数量分布	5 月份，大多数销售集中在 1 000～2 000 元之间
关联性	两种可变因素之间的关系	5 月份的销售业绩显示，销量与销售人员的经验并没有联系

（2）数据图表三步骤（见图 4-17）

确定要表达的信息　　　确定比较类型　　　选择图表类型

图 4-17

（3）关注细节

1）字体/字号。

2）线条的粗细。

3）颜色的搭配。

4）坐标说明。

5）调整坐标范围，使图的主要内容位于图的核心区域。

6）可以适当运用一些形状强调图中的要点。

7）保持一致性。同一种格式在演示文稿中反复出现，在图例中标注时，无论是颜色还是图标，都必须始终保持一致。

3．函数的使用

向当前单元格输入函数。

格式：<=><函数名称（参数）>

注意："="是必不可少的；参数一般采用单元格或区域的表示法。

按<Enter>键结束。

例如，利用函数输入法计算所有学生的总成绩。单击 G3 单元格（计算王小英），输入"=SUM（C3:F3）"，按<Enter>键。其中"C3:F3"是求和函数 SUM 的参数，表示从 C3 单元格到 F3 单元格的区域。

活动评价

评价项目	评价标准	评价依据（信息、佐证）	评价方式			权重	得分小计	总分
			自我评价	小组评价	教师评价			
			20%	30%	50%			
关键能力	1）具有较强的实践能力、创新能力和创新意识 2）能参与小组讨论、相互交流 3）积极主动，勤学好问 4）能清晰、准确地表达 5）能举一反三、自主学习 6）具有团结合作精神 7）具有良好的审美意识和情趣 8）具有鉴赏能力	1）课堂表现 2）工作页填写				40分		
专业能力	1）灵活运用函数统计成绩 2）选用美观实用的图表进行成绩分析 3）能收集相关的文字和图片材料 4）具有整理资料的能力	1）课堂表现 2）工作页填写				60分		

学习活动 5　制作成绩通知单

建议学时：4 学时。
学习地点：一体化学习工作站。

活动描述

方莉完成统计工作后，使用"邮件合并"功能批量制作出每个学生的成绩通知单并寄出。

活动过程

"邮件合并"前效果（见图 4-18 和图 4-19）。

广州市工贸技师学院
家 长 通 知 书

编号：GMJSXY-QD-24-06　　　　　版本号：D/2　　　　　流水号：

学生姓名：《姓名》　　班级：11　网站开发与维护高级2班　　职务：《职务》

2012~2013学年度第一学期各科成绩

成绩／科目	平时成绩	期末考试成线	学期总评成绩	成绩／科目	实习成绩				
					平时成绩	期末考试成绩			学期总评成绩
						应知	应会	合计	
《科目1》	《平时成绩》	《期末考试成绩》	《学期总评成绩》	科目					
《科目2》	《平时成绩1》	《期末考试成绩1》	《学期总评成绩1》	《实习科目1》	《平时成绩111》	《应知1》	《应会1》	《合计1》	《学期总评成绩111》
《科目3》	《平时成绩2》	《期末考试成绩2》	《学期总评成绩2》	《实习科目2》	《平时成绩21》	《应知2》	《应会2》	《合计2》	《学期总评成绩21》
《科目4》	《平时成绩3》	《期末考试成绩3》	《学期总评成绩3》	考证成绩	项 目				成 绩
《科目5》	《平时成绩4》	《期末考试成绩4》	《学期总评成绩4》		《考证科目1》				《成绩1》
《科目6》	《平时成绩5》	《期末考试成绩5》	《学期总评成绩5》		《考证科目2》				《成绩2》
《科目7》	《平时成绩6》	《期末考试成绩6》	《学期总评成绩6》	出勤情况					
《科目8》	《平时成绩7》	《期末考试成绩7》	《学期总评成绩7》	项目	节数		备注		
/	/	/	/	请假(事假、病假)	《病假》+《事假》		《备注》		
/	/	/	/	迟到、早退	《迟到》+《早退》				
/	/	/	/	旷课	《旷课》				

学生操行评定情况

操行扣分	《操行扣分》	操行加分	《操行加分》	操行评分80%	《操行评分80》	职业素养成绩20%	《职业素养成绩20》	操行综合总分	《操行综合总分》	操行等级	《操行等级》

操行等级标准：
85分以上（含85分）操行评定为优秀；75分以上（含75分）操行评定为良好；
60分以上（含60分）操行评定为及格；60分以下操行评定为不及格。

奖惩情况	《奖惩情况》

备注：①请用黑色钢笔水或黑色签字笔填写，空白处请划上"/"；
　　　②如果学生全勤，请在出勤情况备注栏中填写"全勤"。

图4-18

班 主 任 评 语
《评语》   班主任签名:　　　　　　年　月　日

(沿此线裁下)

家长对学校德育工作满意调查表回执

（请家长选择其中一项在空格处打""√）

班级:　　　　　　　　　　学生姓名:

满意		基本满意		不满意	
家长对学校德育工作的意见或建议（如果没有意见或建议请写"无"）					
家长签名:　　　　　　年　月　日					

备注：①请学生在新学期注册时务必将此表交给班主任。
　　　②请班主任收齐此表后在开学后第一周内交到班级所在系（校区）。

图4-19

步骤1　根据已有的《家长通知书》模板修改为需要的成绩通知单格式。

步骤2　使用"邮件合并"工具进行邮件合并。

1）在 Word 中，选择"视图"→"工具栏"→"邮件合并"命令（见图 4-20）。

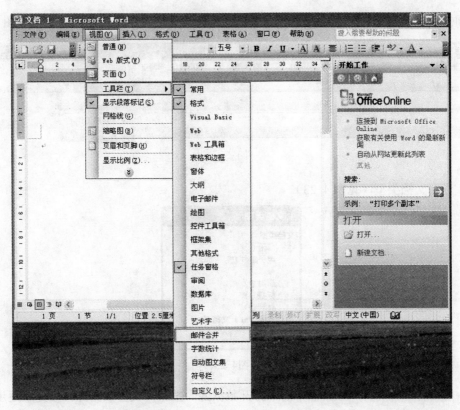

图4-20

2）选择"工具"→"信函与邮件"→"显示邮件合并工具栏"命令（见图4-21）。

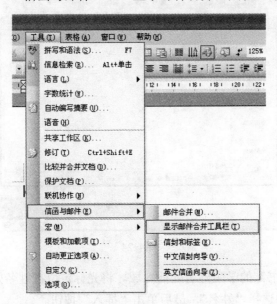

图4-21

此时在工具栏中出现"邮件合并"工具栏，但大部分工具处于不可用状态（见图 4-22）。

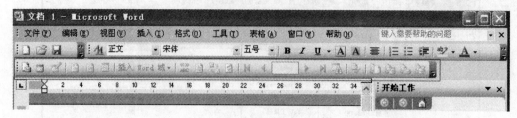

图4-22

3）设置文档类型（见图 4-23）。

图4-23

4）单击"邮件合并"工具栏中的"打开数据源"按钮，设置数据源。按提示逐步操作，打开本任务学习活动 3 中完成的成绩表，完成相应操作（见图 4-24）。

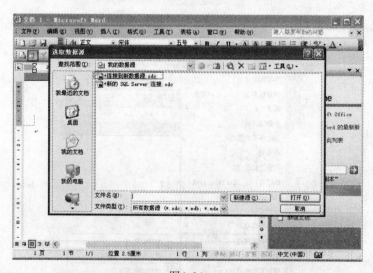

图4-24

5）在《家长通知书》的学生姓名处插入域。将光标定位在姓名处，选择"插入域"命令，在打开的对话框中选择"姓名"，最后单击"插入"按钮。

6）在"通知书"中插入需要的其他域，例如，"平时成绩1""期末成绩1"等各项数据。

7）完成合并。

步骤3　分析邮件合并的作用。

步骤4　讨论操作过程中出现的问题。

步骤5　用"邮件合并"功能制作信封封面。

步骤6　将打印出来的成绩单放入相应信封，并寄出成绩单。

说明：从环保的角度考虑，可不进行打印，而通过电子邮件寄出相应的成绩单。

步骤7　验收。

1）分析完成的成绩表、评优分析表、成绩通知单中是否存在错误，根据需要进行修改。

2）针对完成的作品，互相检查完成的情况，分析存在的问题，发现做得比较有特色的地方。

3）提交并发送完成的作品。

4）展示工作成果。

5）进行自评。

6）进行小组互评。

7）总结工作经验。

知识补充

"邮件合并"功能及操作步骤

"邮件合并"功能可以用于创建套用信函、邮件标签、信封、目录以及大宗电子邮件和传真分发。操作步骤如下。

1）打开正文文档。

2）选择"视图"→"工具"→"邮件合并"命令，打开"邮件合并"工具。为了方便使用，可以用鼠标将该工具拖放到合适的位置。将鼠标放在各个命令按钮上，会有相应的功能提示。这时，会看到只有"设置文档类型""打开数据源"两个命令按钮处于激活可用的状态，其他命令按钮都处于不可用的状态。在打开数据源后，其他命令按钮就会处于激活可用状态。

3）打开数据源。

单击"打开数据源"命令按钮，在打开的对话框中确定数据源文件的位置、文件名，单击"打开"按钮打开数据源文件。接着会出现选择"数据表"对话框，此时要选择记录数据的表格，单击"确定"按钮。这样，就选择了数据所在的文档及在文档中记录数据的表格。

4）插入数据域。

①将光标定位在插入域的位置。

②单击"插入域"命令按钮，在出现的"插入域"对话框中选择要插入的域名称，然后单击"插入"按钮。

③利用同样的方法插入需要的其他"域"。

注意：插入文档中的"域"并不是用户的真实信息，它表示在这里引用的是数据表中相应列中的数据，可以把它理解为一个"变量"，会随着不同的客户发生变化。

5）检查错误并合并。

插入域后，就表示已经把 Excel 中的数据插入了"邀请函"文档中。这些数据是否正确？如果没有错误又该如何进行下一步操作？

单击"邮件合并"工具栏中的"检查错误"按钮，在出现的对话框中选择"完成合并，出现错误时报告并暂停"复选框，单击"确定"按钮。如果没有错误，则完成邮件的合并；如果有错误则暂停，并给出错误报告。

在完成邮件合并后，如果没有错误，则在合并完成的文档中有"客户信息登记表"中的每个人的信息。

6）保存并打印文档。

要对合并后形成的新文档进行保存。如果已经安装打印机，则可以把完成的文档打印，折叠后装入专用的信封中，即可以邮寄给相应的人。

活动评价

班级：　　　　　　学号：　　　姓名：　　　指导教师：

评价项目	评价标准	评价依据（信息、佐证）	评价方式			权重	得分小计	总分
			自我评价	小组评价	教师评价			
			20%	30%	50%			
关键能力	1）具有较强的实践能力、创新能力和创新意识 2）能参与小组讨论、相互交流 3）积极主动，勤学好问 4）能清晰、准确地表达 5）能举一反三、自主学习 6）具有团结合作精神 7）具有良好的审美意识和情趣 8）具有鉴赏能力	1）课堂表现 2）工作页填写				40分		
专业能力	1）熟练地对工作簿及工作表进行管理 2）熟练地利用填充功能填充各种数据 3）熟练地应用公式和函数处理数据 4）熟练地对工作表进行格式化操作 5）对数据进行统计、分析和管理	1）课堂表现 2）工作页填写				60分		

拓展练习

能力较强、做得较快的同学，可以灵活运用所学的知识选做如下内容。

1）编辑一个销售情况分析表。

2）制作一个工资统计表。

学习任务5 制作某数码产品宣传演示文稿

某公司近期推出一款数码产品,为了进行市场推广,公司决定制作一个宣传新产品的演示文稿,于一周后向客户展示产品的功能和特点。

李明是公司的项目助理,接受制作产品简介的演示文稿任务后,先搜集该产品的相关图片及文字资料,获取相关信息,制订初步的工作计划,与项目经理沟通交流,确定最终的工作计划,然后按计划进行演示文稿的制作。

1)根据教师介绍的案例,了解演示文稿的用途,掌握演示文稿的制作标准。

2)通过互联网收集宣传产品的资料。能对资料进行整理,提炼关键词,筛选有代表性的图片。

3)在教师的指导下,根据提炼的关键词、筛选的图片独立制作数码产品宣传演示文稿,并对演示文稿进行动画、放映等效果的美观设计。

4)以小组为单位,检验完成的演示文稿,找出演示文稿中不足的地方,并提出意见。学生对演示文稿进行优化,提交作品给教师验收。

1)具备互联网环境。

2)办公软件辅助学材(教程、工作页)。

3)已安装 Office 软件的计算机。

4)演示文稿作品样张。

5)优秀演示文稿作品。

🌑 学习活动1 接收、分析任务

建议学时:2学时。

学习地点：一体化学习工作站。

活动描述

李明收到制作演示文稿的任务后，在互联网上收集该产品的资料，为后面的工作作准备。

活动过程

步骤 1 通过对优秀演示文稿作品的赏析，请简单讲一下对演示文稿的理解，它是一个什么样的软件，有些什么特点，主要适用于哪些场合？

演示文稿是：_____

演示文稿的主要特点是：

_____

_____

_____

适用于：

_____

_____

_____

步骤 2 通过小组讨论、在互联网上搜索，请确定要推广的数码产品。

打算推广的数码产品是：_____

步骤 3 请在互联网上搜索该产品的有关文字和图片等资料，并把相关内容进行保存，准备在制作演示文稿时使用。

知识补充

1．PowerPoint 简介

PowerPoint 与 Word、Excel 一样，都是微软 Office 办公软件系列软件之一。它继承了 Windows 的友好图形界面，使用户能轻松地进行操作，制作出各种独具特色的演示文稿。

2．PowerPoint 的作用

PowerPoint 可以使一场技术专题报告、一场产品宣传展示会、一场论文答辩变得生动活泼、引人入胜。PowerPoint 的作用就是可以设计制作出广告宣传、产品演示等电子版幻灯片。为了加强演示的效果，可以在幻灯片中插入声音对象或视频剪辑等多媒体信息。

3．PowerPoint 的特点

1）强大的制作功能。文字编辑功能强、段落格式丰富、文件格式多样、绘图手段齐全、

色彩表现力强等。

2）通用性强，易学易用。PowerPoint 是在 Windows 操作系统下运行的专门用于制作演示文稿的软件，其界面与 Windows 界面相似，与 Word 和 Excel 的使用方法基本相同，提供多种幻灯版面布局、多种模板及详细的帮助系统。

3）强大的多媒体展示功能。PowerPoint 演示的内容可以是文本、图形、图表、图片或有声图像，具有较好的交互功能和演示效果。

4）较好的 Web 支持功能。利用工具的超级链接功能，可以指向任何一个新对象，也可以发送到互联网上。

5）一定的程序设计功能。提供了 VBA 功能（包含 VB 编辑器 VBE），可以融合 VB 进行开发。

4. PowerPoint 的应用领域

在教学领域，多媒体教学的应用使每位教师都有机会使用演示文稿，在毕业答辩、制作个人电子简历、参加比赛（如个人职业生涯规划大赛等）也可以使用。

在工作中，作工作汇报、企业宣传、产品推介、提交计划书、设计方案、讲座、产品介绍、广告、婚礼庆典等也都可以使用。

活动评价

班级：	学号：	姓名：		指导教师：				
评价项目	评价标准	评价依据（信息、佐证）	评价方式			权重	得分小计	总分
			自我评价	小组评价	教师评价			
			20%	30%	50%			
关键能力	1）具有较强的实践能力、创新能力和创新意识 2）能参与小组讨论、相互交流 3）积极主动，勤学好问 4）能清晰、准确地表达 5）能举一反三、自主学习 6）具有团结合作精神 7）具有良好的审美意识和情趣 8）具有鉴赏能力	1）课堂表现 2）工作页填写				40 分		
专业能力	1）能理解演示文稿的作用及其特点 2）能收集相关的文字和图片材料 3）具有整理资料的能力	1）课堂表现 2）工作页填写				60 分		

学习活动 2　整理资料

建议学时：2 学时。
学习地点：一体化学习工作站。

活动描述

李明通过阅读资料、思考后，确定了推广该产品的各分论点和子论点，并从相关资料中提炼出关键词及使用的图片和数据等，设计出演示文稿的草图。

活动过程

步骤 1　制作演示文稿的目标是什么？请设定详细的目标，明确演示文稿演示后观众有什么样的想法和改变。
展示的产品：

_____

展示的对象（政府，企业、事业单位，商务咨询，客户推广等）：

_____

_____

展示方法：

_____

_____

希望达到的目标：

_____

_____

步骤 2　仔细阅读收集的文字和图片资料，提炼论点（见图 5-1）。用金字塔原理的形式画出论述观点的结构图。

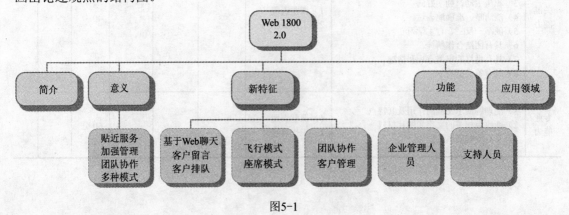

图5-1

94

演示文稿的论点结构图：

步骤 3　请根据论点设计出每一页的内容及布局，使其美观有利于展示，并填入表 5-1 中。

表 5-1

版式	要表述的内容
	_____ _____ _____ _____ _____ _____
	_____ _____ _____ _____ _____
	_____ _____ _____ _____ _____

（续）

版式	要表述的内容

（续）

版式	要表述的内容

知识补充

演示文稿的设计步骤

1）明确演示文稿的目标、对象和展示方式。

2）用严谨的逻辑串联幻灯片的中心思想，提炼论点。可用金字塔原理思考要表述内容的结构（见图5-2）。

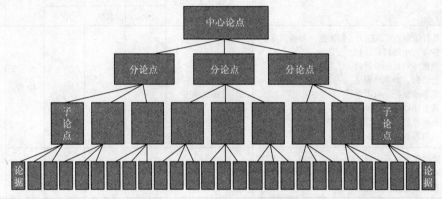

图5-2

3）画设计草图（见图 5-3）。

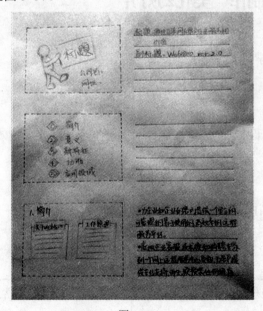

图5-3

4）版面（图形、文字、色彩）设计。选择最佳的输出方式，使演示文稿的重点突出、层次递进。

5）经过积累形成个人或组织的风格。

99

活 动 评 价

班级：		学号：	姓名：	指导教师：					
评价项目	评价标准		评价依据（信息、佐证）	评价方式			权重	得分小计	总分
				自我评价	小组评价	教师评价			
				20%	30%	50%			
关键能力	1）具有较强的实践能力、创新能力和创新意识 2）能参与小组讨论、相互交流 3）积极主动，勤学好问 4）能清晰、准确地表达 5）能举一反三、自主学习 6）具有团结合作精神 7）具有良好的审美意识和情趣 8）具有鉴赏能力		1）课堂表现 2）工作页填写				40分		
专业能力	1）能按照主题设计幻灯片，论点合理，文字简练符合主题 2）整理素材资料的能力		1）课堂表现 2）工作页填写				60分		

⦿ 学习活动3　制作、美化幻灯片

建议学时：8 学时。

学习地点：一体化学习工作站。

任务描述

李明根据自己的设计，制作演示文稿并对其进行了动画和放映效果等的美观设计。

活动过程

步骤1　打开 PowerPoint 软件，仔细观察它的界面，并在表 5-2 中填写它与 Word 界面的相同和不同之处。

表 5-2

相同之处	不同之处

步骤 2　请判断并填写表 5-3 中的两幅图分别属于什么视图，该视图有什么作用？

表 5-3

图	视图	作用
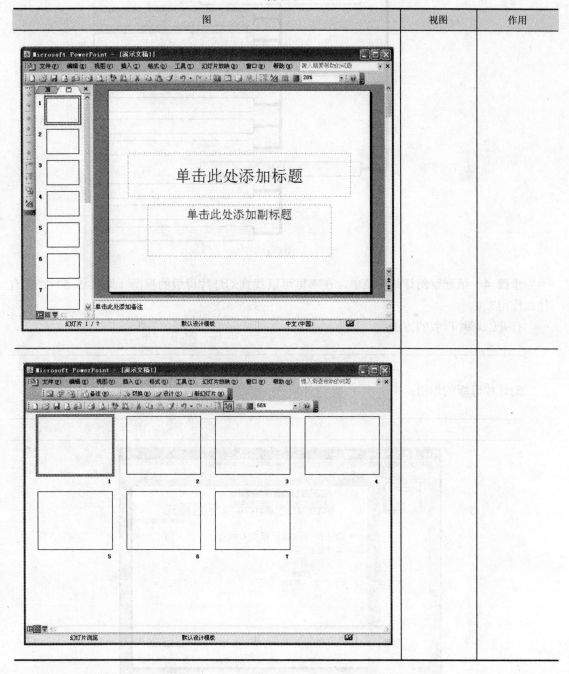		

步骤 3　幻灯片中的对象是什么？请在图 5-4 中填写。

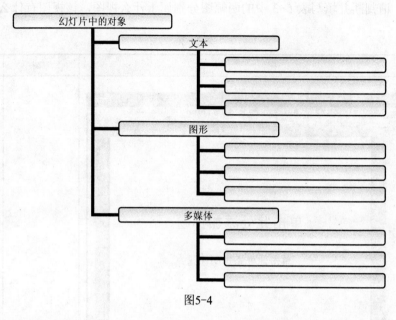

图5-4

步骤 4 请观察幻灯片的菜单，在哪里可以找到幻灯片母版的视图（见图 5-5）？它有什么作用？

打开幻灯片母版的方法：

_____

幻灯片母版的作用：

_____

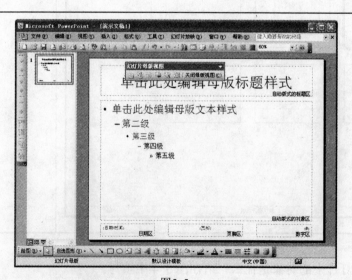

图5-5

102

步骤5　在"背景效果填充"功能中，它允许用户用＿＿＿＿＿＿＿＿、＿＿＿＿＿＿＿＿、
＿＿＿＿＿＿＿＿、＿＿＿＿＿＿＿＿等4种效果填充对象（见图5-6）。

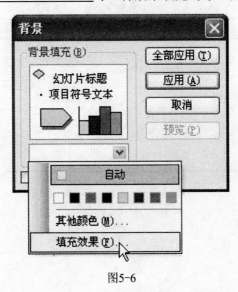

图5-6

步骤6　在动画效果设计中有两种方式，它们各适用于什么情况？在表5-4中简单写出它们的操作要点。

表5-4

动画效果设计方式	适用情况	操作要点
动画方案		
自定义动画		

步骤 7 请仔细观察放映方式，在表 5-5 中写出 3 种放映方式的含义。

表 5-5

放映方式	含义
演讲者放映（全屏幕）	
观众自行浏览（窗口）	
在展台浏览（全屏幕）	

步骤 8 制作演示文稿的一般过程是怎样的？请参考其过程完成推广数码产品演示文稿的制作。

_____

_____

_____

_____

知识补充

PowerPoint 幻灯片的制作

1. 演示文稿制作过程

1）从母版做起。

①在互联网上搜索母版。

②编辑幻灯片母版。理解母版与版式、版式中的占位符，设置背景，插入 Logo。

2）编辑幻灯片的内容。

①在幻灯片中输入文本。

②插入图片与图形。

③其他对象（表格、图表、声音、影片、Flash 等）。

3）为演示文稿添加动态效果。

①切换效果。

②为幻灯片中的对象添加动画效果。

③添加声音。

4）放映演示文稿。

①设置放映选项。

②打包演示文稿。

2. Power Point 制作的基本原则与技巧

1）原则。

①一目了然，视觉化。

②简化文本（内容尽可能少）。保持简单，限制要点和文本数量，一张幻灯片上只列出一个主题思想，内容务必做到精简，精炼出关键词涵盖重点，注意控制每张幻灯片中的文本行数（见图 5-7）。

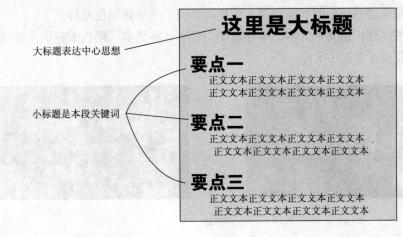

图5-7

③控制文本大小，压缩图片。

④避免不协调的图文编排。

⑤保持视觉平衡。

⑥保持简洁有力的版面设计。

2）制作演示文稿的 7 个习惯。

①一张幻灯片对应一个主题。

②一张议程表，让观众了解演讲进程。

③字体颜色与底图呈现对比，易读。

④加入公司 Logo，增强专业感。

⑤尽量使用机构 VI 中的标准色系。

⑥适当引用图片、图表等帮助说明。

⑦多用数字说明，增强说服力。

3）制作演示文稿的注意事项。

①不要选择与演讲主题不相应的模板。

②不要制作过于绚丽的动画效果。

③不要使用过多的色彩。

④一张幻灯片中不要使用过多图片。

⑤不要使用过多字体。

⑥幻灯片张数不要过多。

4）幻灯片文本设置。

①统一的文本风格。

如何保持文本视觉风格的一致性？统一的标题字体、字号、字体样式，统一的正文字体、字号，标题的位置遵循母版的版面位置，使用简单明了的字体颜色及样式。

②幻灯片的字体。忌文字太多、字体太小；忌字体种类多、颜色太花俏；字体颜色与背景要有足够的反差（见图 5-8）。

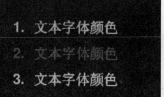

图5-8

③幻灯片的字号。

标题字号一般不小于小初（36 磅），正文字号不小于 2 号（20 磅）。常用字号对比（见图 5-9）。

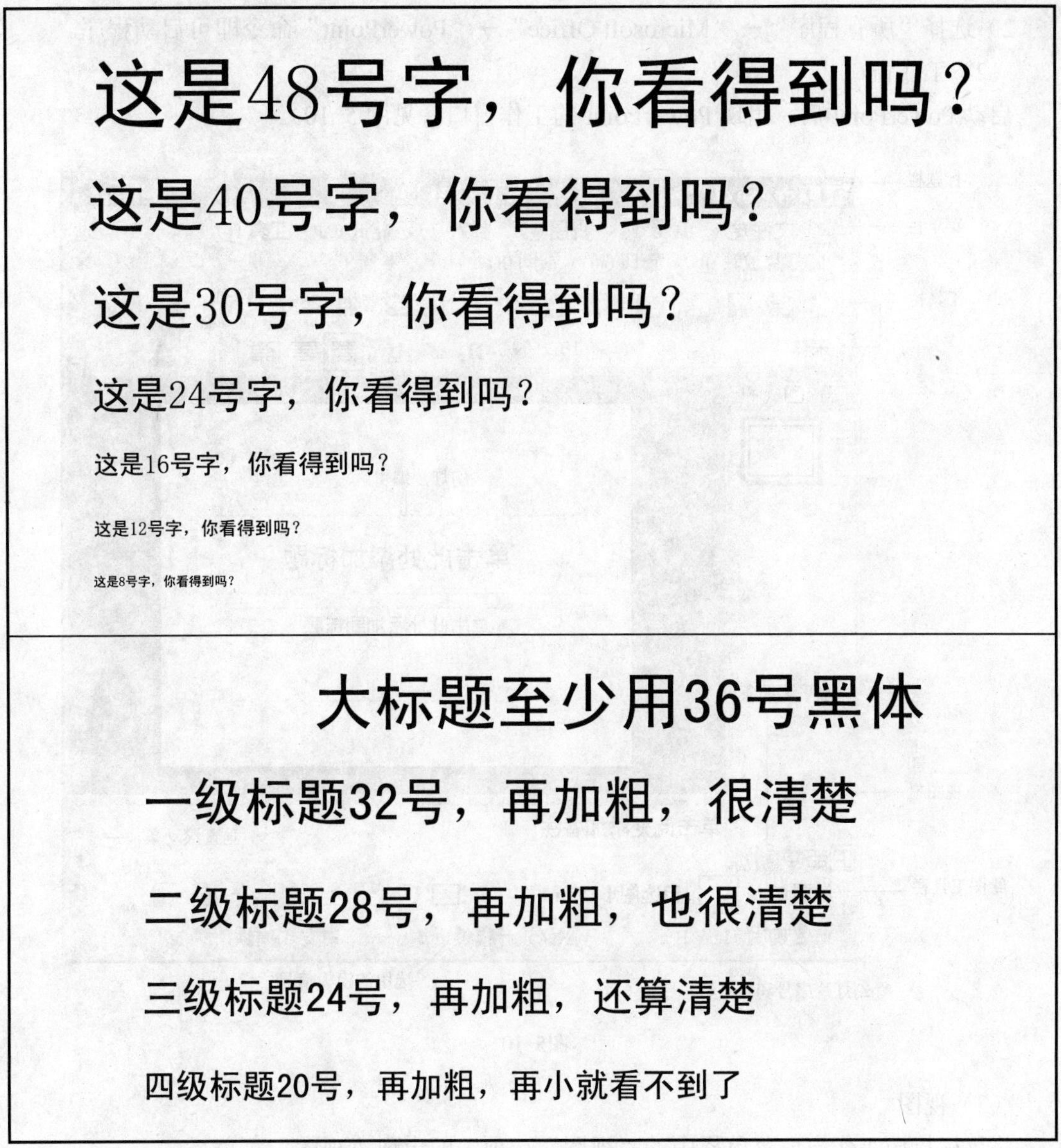

这是48号字，你看得到吗？

这是40号字，你看得到吗？

这是30号字，你看得到吗？

这是24号字，你看得到吗？

这是16号字，你看得到吗？

这是12号字，你看得到吗？

这是8号字，你看得到吗？

大标题至少用36号黑体

一级标题32号，再加粗，很清楚

二级标题28号，再加粗，也很清楚

三级标题24号，再加粗，还算清楚

四级标题20号，再加粗，再小就看不到了

图5-9

④幻灯片的字数与行数。

标题一般不超过 10 个汉字，正文文字要简练、表意明确，每行一般不超过 24 个汉字，每张幻灯片不要超过 10～12 行，每项标题最多 7 个汉字，适当留白。

3. PowerPoint 2003 的应用基础

（1）启动

一般，启动 PowerPoint 采用如下步骤。

1）单击桌面左下角的"开始"按钮。

2）选择"所有程序"→"Microsoft Office"→"PowerPoint"命令即可启动程序。

（2）工作窗口

启动 PowerPoint 后，出现 PowerPoint 的工作窗口（见图 5-10）。

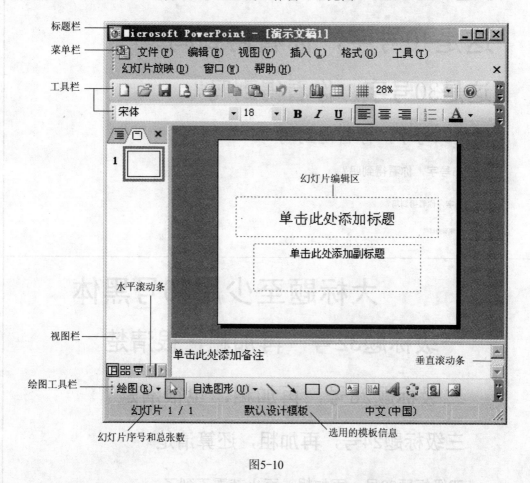

图5-10

（3）视图

将鼠标指向工作窗口菜单栏中的"视图"选项，即出现"视图"菜单。

在"视图"菜单中有"普通视图""幻灯片浏览视图"和"幻灯片放映视图"。每种视图都有不同的作用和优势，由用户根据实际需要灵活运用。各类视图的主要功能如下。

1）"普通视图"。在"普通视图"中，用户可以编辑幻灯片的文本、图像和声音等（见图 5-11）。此方式一次处理一张幻灯片。"普通视图"还可以用来观察和制作幻灯片的细节。一般编辑修改通常在"普通视图"中进行。

2）"幻灯片浏览视图"。"幻灯片浏览视图"是用来观看每张幻灯片的缩略图，并在此基础上观察整份文稿的流程。这种方式通常用来重新安排播放顺序、设置播放幻灯片的切换方式和设置动画等工作（见图 5-12）。

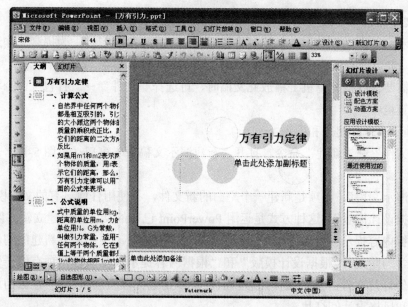

图5-11

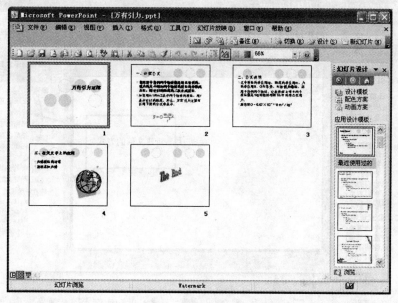

图5-12

3）"幻灯片放映视图"。在"幻灯片放映视图"中，用户编辑的文稿以幻灯片的形式在全屏幕播放，编辑时设计的多媒体效果也将展现出来。

上述 3 种视图模式对应了 3 个快捷按钮，分布在工作窗口左下方的视图栏中。因此，切换不同的视图最简便的方法就是直接单击视图栏中的视图按钮。另一种切换方法是在"视图"菜单中选择相应的命令。

（4）文件保存

一份演示文稿在制作过程中，随时将其保存是一种良好的习惯。为提高工作速度，通常是保存在某一指定文件夹中。以演示文稿的类型保存时其扩展名为".ppt"。

当用户需要在其他计算机上播放此文稿时，可选择"文件"→"打包"命令将其打包安装在其他计算机中。

（5）演示文稿的建立和编辑

选择"文件"→"新建"命令，打开"新建演示文稿"子窗口（见图5-13），新建文件。有3种方式。

1）"空演示文稿"。该项是新建一个空白的新文件，不使用任何已有的文件模板。

2）"根据设计模版"。这种方式是运用 PowerPoint 已有的文件模板建立新文件。

3）"根据内容提示向导"。这种方式是跟随向导的指引，逐步为要新建的幻灯片文件设定风格。在学习阶段，"根据设计模版"和"根据内容提示向导"这两项有助于快速有效地建立、制作幻灯片文件；当对操作熟悉以后，更多是选择"空演示文稿"，因为这可以根据自己的爱好和风格设计幻灯片。

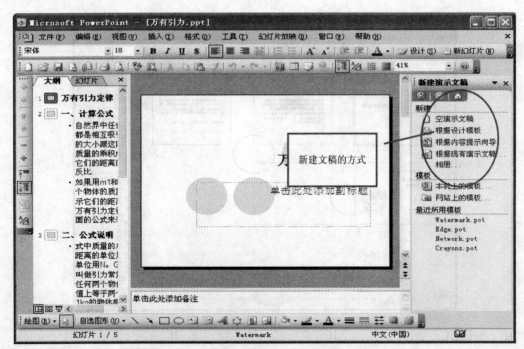

图5-13

4）幻灯片制作中对象的编辑。

这里的对象是幻灯片中的基本元素，包括文本、图形和多媒体等。其中文本对象包括幻灯片的标题、副标题和正文；图形对象包括剪贴画、图片和图表；多媒体对象包括声音、视频剪辑以及互联网网页的超文本链接。对象操作是幻灯片设计过程中的基本操作，下列操作对幻灯片中的对象是通用的。

① 选中和撤销选中一个对象。

选中对象的方法是：将鼠标指向对象的有效区域，当鼠标呈双向十字箭头状态时，单击鼠标；撤销选中对象的操作方法是：直接将鼠标移到对象的区域之外，单击鼠标。如果要选中多个对象，可在单击每个对象时按<Shift>键。

② 改变对象的大小和移动对象。

改变对象大小的方法是：先选中要改变大小的对象，然后将鼠标移动到对象虚框上的尺寸控制点（对象边框上的小方框）上，当鼠标指针变为两端带箭头的细线指针形状时，按下鼠标左键不放并拖曳尺寸控制点，这时对象的边框线随之变化，当达到满意的形状和大小时再松开鼠标。

移动对象的方法是，先选中要移动的对象，当鼠标呈双向十字箭头时，按下鼠标左键不放并拖曳鼠标，此时对象跟随移动，到达所需位置后松开鼠标即可。

③ 删除选中的对象。

编辑中通常是将对象和它的整个边框线一起删掉，其方法是先选中要删除的对象，再将鼠标指针移动到对象的边框虚线上，当鼠标指针变为空心指针和十字方向指针的组合形状时，单击鼠标后再按下<Delete>键，就将边框线和对象一并删除。

④ 为文本对象使用或取消项目符号。

在幻灯片的正文框中，每条文字信息前都有项目符号。这些符号可以重新指定或取消。重新指定项目符号的步骤如下。

a）选择准备重新指定项目符号的对象。

b）选择"格式"→"项目符号"命令。注意，若未指定项目符号则此时"项目符号"为无效状态。另外，也可以单击鼠标右键，在弹出的快捷菜单中选择"项目符号"命令。

c）在打开的"项目符号"对话框中选择文稿所需要的项目符号种类。

取消文本信息前的项目符号，可以在"项目符号"对话框中选择"无"，使之成为空白状态，再单击"确定"按钮。另一种方法是选中对象，在 PowerPoint 的"格式"工具栏中单击"项目符号"按钮，打开"项目符号"对话框，取消项目符号即可。

（6）幻灯片的美化方法

幻灯片的美化工作通常在"普通视图"下进行。"普通视图"也是制作和编辑中常用的模式。在普通视图中，用户见到的幻灯片上的任何文字、图形对象都与最后幻灯片放映时的效果相似。因此，当用户需要采用多种对象美化幻灯片时，运用"普通视图"进行编辑是最直观和方便的。美化幻灯片的方法重点是对整个演示文稿的外观进行设计，包括母版的设置和应用设计模板、选用较好的配色方案、调整幻灯片的背景效果等，下面分别介绍这几种方法。

1）幻灯片母版的设置。

母版是一张已设置了特殊格式的占位符，这些占位符是为标题、主要文本及在所有幻灯片中出现的对象而设置的。如果修改了幻灯片母版的样式，则会影响所有基于该母版演示文稿的样式。当使用某一母版建立一篇演示文稿时，演示文稿中的所有幻灯片都采用该母版的特性，使演示文稿的风格更加统一。

在演示文稿中，幻灯片母版控制所有幻灯片的属性（如字体、字号和颜色等），也称为"母版文本"。另外，它还控制背景色和项目符号样式。

选择"视图"→"母版"→"幻灯片母版"命令即可打开母版。

2）标题页模板的设计。

① 背景可以选纯色，也可以使用渐变色。

a）纯色：页面显得很干净。

b）渐变色：页面更柔和、更华丽 （用渐变的灰色代替白色会得到很好的效果）。

② 标题：可以放在色块上，也可以直接放在图片上。

a）使用色块：在其与背景和图片之间增加较窄的过渡会有非常好的修饰效果。

b）不使用色块：把一条较细的直线放置在主副标题之间也是一种经典的做法。

③ 图片：可以使用，也可以不使用。

a）不使用图片：将标题关键字突出强调或将标题打散重排，为页面添加生动和情趣。

b）使用图片：使页面变得更加精致，可做的变化也会增加很多。

c）使用曲线形状与图片搭配效果也很好。

3）内容页要清晰完整，合理布局是关键。

① 章节标志和本页观点。

a）用文字标题：内容页的标题不能占据很大的空间，否则会减少书写具体内容的页面，头重脚轻。缩小标题的字号（20～28 号的字体足够大）。

b）用图片代表主标题：利用图片的变化，自然过渡到下一个章节，把握结构和进度。

② 核心内容。

观点要单一。

a）每页只讲一个观点，信息量适中。

b）信息太多则拆开分成几页说明。

各要素要一致。

a）字体、字号、颜色一致。

b）页边距一致。

c）项目符号一致。

d）语言风格一致。

③ 注释：注明出处、数源、取数等，用来表示对原作者的尊敬并有据可查。

④ 页码：使观众了解演示文稿的整体页数及进度。

⑤ 主体颜色及字体。

a）模版的底色一般为白色、黑色和灰色，切忌橙色、红色以及色彩缤纷的图片或水印。

b）内容的文字、标题一般为黑色、白色和深蓝色。

c）用来强调的线和图形一般白底用鲜艳的颜色（如红色和绿色等纯色），黑色底用亮色，如黄色和橙色等。

4）应用设计模板。

幻灯片的模板是一组已经设计好的幻灯片整体格式效果，这些格式主要包括幻灯片标题、文本格式、色彩、背景图形、边框线条等。PowerPoint 提供了 30 多种模板，使用这些模板可以制作出较高水平的演示文稿。同时，应用设计模板后，还可以对幻灯片的背景、色彩、文字格式等进行修改，从而大大提高幻灯片演示文稿的美化操作水平。

通常是先把演示文稿的内容制作好，再应用设计模板。

如果想制作较美观和专业的幻灯片演示文稿，那么在新建幻灯片前就可以应用"应用设计模板"，再新建幻灯片。这样，新建的幻灯片会自动应用设计模板。

如果对应用的模板不满意，可以选择"格式"→"幻灯片设计"命令更改应用模板（见图 5-14）。

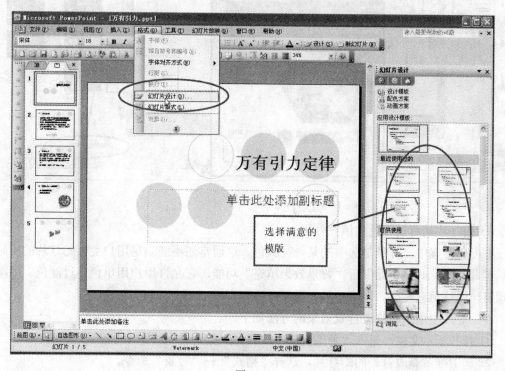

图5-14

5）幻灯片的配色方案。

在幻灯片应用了设计模板后，如果对其颜色搭配不满意，则可以通过"配色方案"更改幻灯片的颜色配置。同时，也可以根据自己的喜好调配颜色。

配色方案是对幻灯片中的背景颜色、文本线条颜色、阴影、标题文本等进行预先设置。应用配色方案的最大优势就是，幻灯片会自动应用配色方案所设置的颜色，使演示文稿中的幻灯片颜色风格协调、一致。

更改"配色方案"的设置（见图 5-15）。

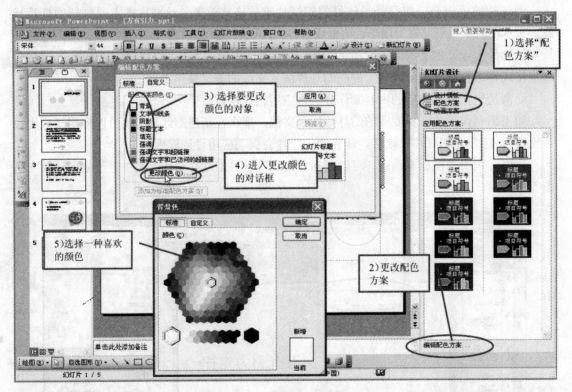

图5-15

6）幻灯片的背景颜色和填充效果。

在配色方案中，背景是选中的某一种颜色，这通常还不能满足用户美化幻灯片的实际要求。因此，PowerPoint 提供了"背景效果填充"功能，它允许用户用单色、过渡色、图案、纹理甚至图片填充对象。

在幻灯片中增添和修改背景效果的方法如下。

① 打开演示文稿，进入"普通视图"模式。

② 选中准备修改背景的幻灯片，选择"格式"→"背景"命令。

③ 单击下拉列表按钮（见图 5-16），在下拉列表中选择"填充效果"，打开"填充效果"对话框（见图 5-17）。

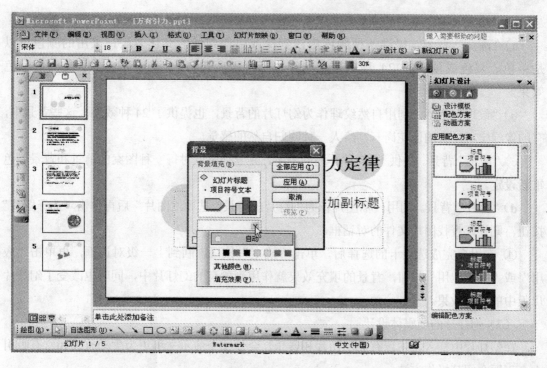

图5-16

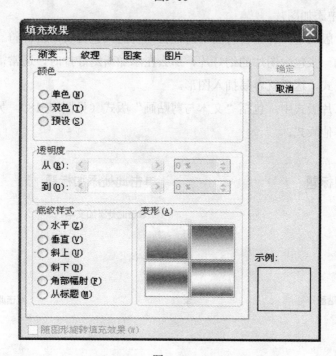

图5-17

在"填充效果"对话框中 4 个选项卡的含义分别如下。

a)"渐变"背景。提供一种颜色由浅到深或由深到浅的变化效果,采用的颜色可以是单色、双色或预设的 24 种效果之一,包括"雨后初晴""海洋"等多种美丽的颜色效果。

b)"纹理"背景。利用自然纹理作为幻灯片的背景,也提供了 24 种效果。这些背景中,有的像绿宝石,有的像花岗石,给人一种回归自然的感觉。

c)"图案"背景。提供了 48 种不同的图案,并分别可以对每一种图案的前景和背景颜色重新设定。

d)"图片"背景。利用一幅图片作为幻灯片的背景,选中"图片"后再单击"选择图片"按钮,则打开查找图片文件的对话框。

④ 在用户完成选项卡的选择后,单击"确定"按钮,回到上一级对话框,再单击"应用"或"全部应用"按钮,背景的填充效果就作用到所有的幻灯片中,同时也改变了幻灯片母版中的填充效果。

(7) 幻灯片的多媒体设计

在幻灯片中插入与主题有关的图片和音乐,会使整个演示文稿更为生动有趣和富有吸引力。下面介绍其操作方法。

1) 在幻灯片中添加图片。

在多种幻灯片版式中,有的含有图形占位符,有的只包含文本占位符。

如果需要添加一张包含图片的幻灯片,那么在添加新幻灯片时,通常需要选择带有图形占位符的幻灯片版式,这样就容易插入图形。

在可选的幻灯片版式中,包括"文本与剪贴画"版式(见图 5-18)。另外,还有很多含有图形占位符的其他版式。

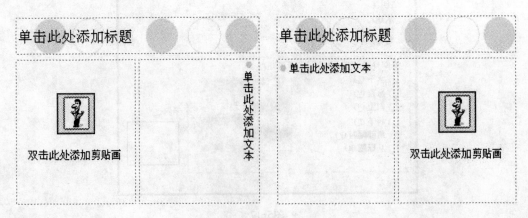

图5-18

在包含图形占位符的幻灯片版式中，除了可以插入"剪贴画"外，还可以像 Word 文档一样插入"来自文件"的图片。选择"插入"→"图片"→"来自文件"命令，打开"插入图片"对话框，在对话框中选取所需要的图形文件即可。

除此之外，从"插入"菜单中还可以选择"自选图形"和"艺术字"命令等。

2）在幻灯片中添加音乐。

常见的音频文件有两种格式，即 WAV 格式和 MIDI 格式。WAV 文件来源于对声音模拟波形的采样；MIDI 文件是由声音合成器形成，它是一些描述乐曲演奏过程指令的集合。MIDI音乐的优点是同样长度的音乐需要的存储空间更少。

录制和播放音乐的前提条件是计算机安装有声卡和音箱设备。如果已在 Windows 的附件中用录音机录制了 WAV 文件，并已保存在某一文件夹内，则可以将其添加到幻灯片中。步骤如下。

① 在"幻灯片视图"下先选中要插入音乐的幻灯片，选择"插入"→"影片和声音"→"文件中的声音"命令，打开"插入声音"对话框。

② 选择音频文件所在的文件夹。

③ 选中音频文件，单击"确定"按钮。此时回到选中的幻灯片，其中部出现一个小喇叭图标，在"幻灯片视图"中双击此图标，则播放此音频文件。

（8）幻灯片的放映设计

在幻灯片播放之前，如果对放映的过程进行了精心设计，则可以使播放时幻灯片中的文本、图片、声音和图像等对象动态地显示，丰富放映的效果。

1）在幻灯片中添加动画效果。

通常有两种办法进行幻灯片的动画效果设计，即选用"动画方案"和"自定义动画"的方式。前者适宜快速、大批量一次设计多张幻灯片；后者适宜设计更高质量的幻灯片动画效果。

采用"动画方案"的设计步骤如下。

① 打开一份演示文稿，选择"幻灯片浏览"方式，选定要设置动画的幻灯片。如果有多张要设计为同一种动画效果，则可以在按<Shift>键的同时，用鼠标单击选中幻灯片。

② 选择"幻灯片放映"→"动画方案"命令，打开"动画方案"工具栏，在效果列表中选择一种方案，单击"应用于所有幻灯片"按钮（见图 5-19）。

2）自定义幻灯片动画效果。

① 选择需要设置动画的幻灯片，选择需要设置的对象。

② 选择"幻灯片放映"→"自定义动画"命令，打开"自定义动画"工具栏，进行相应设置即可（见图 5-20）。

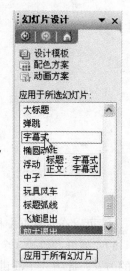

图5-19

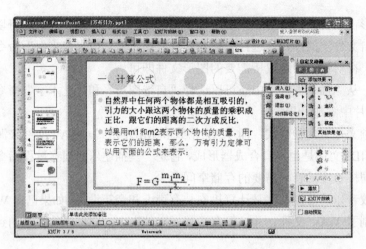

图5-20

在设置一个对象后，还可以重新选择另一个对象进行动画设置。

3）幻灯片放映方式的设计

为了适应不同的放映要求，PowerPoint 提供了由用户控制的全屏幕播放、观众浏览和展台浏览 3 种放映方式。并且可以控制是否循环播放、指定播放哪些幻灯片和采用手动换片或排练时间换片等设置。其设置方法如下。

① 选择"幻灯片放映"→"设置放映方式"命令，打开"设置放映方式"对话框（见图 5-21）。

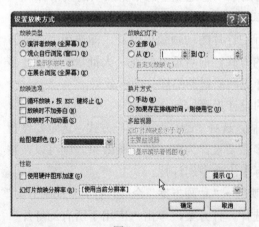

图5-21

② 可以在对话框中根据需要进行各种设置。其中，各选项的含义如下。

a）"演讲者放映（全屏幕）"。选中此单选按钮可以运行全屏显示的演示文稿。这是最常用的方式，此方式下演讲者具有完整的控制权，可以采用自动和人工方式进行放映。

b）"观众自行浏览（窗口）"。选中此单选按钮后，在放映时演示文稿会出现在一个小型窗口中。该窗口除演示内容外还提供了"文件""编辑""浏览""窗口"和"帮助"等菜单。

在此方式下可以按<Page Up>键和<Page Down>键进行播放，同时能打开其他程序。

c）"在展台浏览（全屏幕）"。选中此单选按钮可在幻灯片放映时自动运行演示文稿。自动运行演示文稿是在无人管理的情况下放映幻灯片的最好方式。当选定此单选按钮后，"循环放映，按 ESC 键终止"复选框自动被选中。为使放映中能按要求自动进行，应先进行排练时间的设置，并在"换片方式"选项组中选中"如果存在排练时间，则使用它"单选按钮。在这种播放方式下，键盘上大多数控制按键都失效，但按<Esc>键和<Ctrl + Pause>组合键仍可以终止放映。

d）"循环放映，按 ESC 键终止"。在此方式下放映时，最后一张幻灯片结束后会自动转到第一张幻灯片继续播放，直到按<Esc>键结束。

e）"放映时不加旁白"。选择此复选框后，在播放时将不播放已有的任何旁白。若要录制新的旁白，可选择"幻灯片放映"→"录制旁白"命令。

f）"放映时不加动画"。选中此复选框后，在幻灯片放映时，之前设置的动画效果将失去作用，但动画参数依然存在。一旦取消选择"放映时不加动画"复选框，则动画效果又会出现。

g）"放映幻灯片"选项组。其中可以指定播放"全部"幻灯片，也可以指定播放其中的几张。如果之前在"幻灯片放映"菜单中已经设置 "自定义放映"，则可以在此确定是否选用自定义放映。

h）"换片方式"选项组。若选中"手动"单选按钮，则放映中必须由人工干预才能换片。另一种情况是使用排练时间，但应事先进行排练时间设置，播放时即可以自动换片。

活动评价

班级：		学号：	姓名：	指导教师：					
评价项目	评价标准		评价依据（信息、佐证）	评价方式			权重	得分小计	总分
				自我评价	小组评价	教师评价			
				20%	30%	50%			
关键能力	1）具有较强的实践能力、创新能力和创新意识 2）能参与小组讨论、相互交流 3）积极主动，勤学好问 4）能清晰、准确地表达 5）能举一反三、自主学习 6）具有团结合作精神 7）具有良好的审美意识和情趣 8）具有鉴赏能力		1）课堂表现 2）工作页填写				40 分		
专业能力	1）文字、图片、表格和图表等运用恰当 2）动画设置正确，幻灯片播放流畅		1）课堂表现 2）工作页填写				60 分		

学习活动 4　优化、展示幻灯片

建议学时：4 学时。
学习地点：一体化学习工作站。

任务描述

对学生在学习过程中的表现及任务完成情况进行自我评价、小组评价和教师评价。

活动过程

步骤 1　请从表 5-6 中的几方面检查演示文稿，填写结论并作出优化。

表 5-6

问题	结论
为什么用这个模版？	
背景主题和论点是否协调？	
文字的排版是否一致（字体、大小、字型、符号等）？	
字体字形对阅读是否有影响？	
是否有更合理的图表可以表达观点？	
动画对沟通是否有帮助？	
演示文稿是否有说服力？	

步骤2　小组讨论，相互评价，再次对演示文稿作出优化。

步骤3　每个小组选一份作品作展示，介绍设计的过程。

步骤4　提交完成作品。

知识补充

1. 优化幻灯片

（1）文字的设计与版面配置

1）字形以楷体为基本，粗体效果会更好。

2）以其他字形辅助，特黑字型最好（见图5-22）。

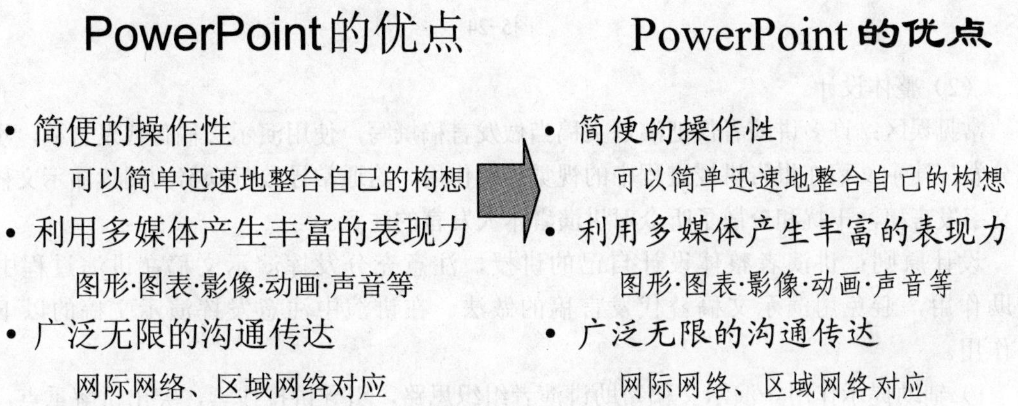

图5-22　字形示例

重点要赋予变化加以强调，如图5-23所示。

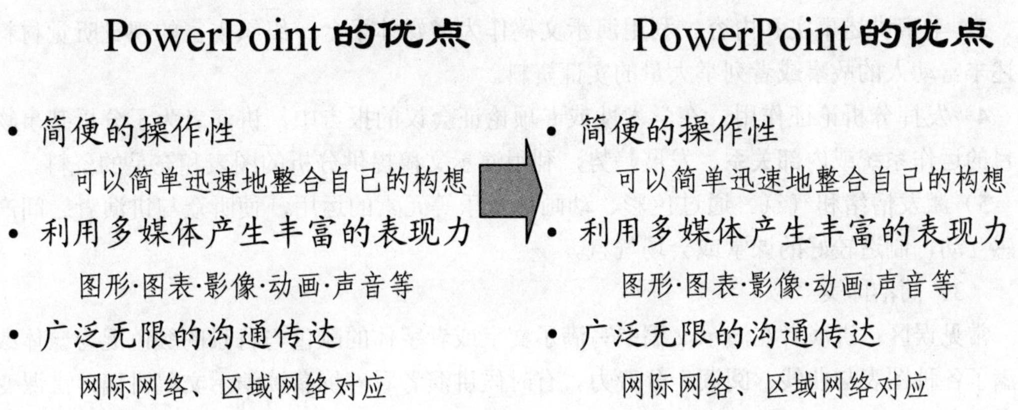

图5-23

3）不需要用文章说明，只要把要点罗列（见图5-24）。

PowerPoint的优点

- PowrPoint的第一个优点是：透过高效能及简易的操作，使自己的构想可以简单迅速地制作整合起来。
- PowrPoint的第二个优点是：利用图形、图表、影像、动画、声音等，就可以制作出具有说服力的简报。
- PowrPoint的第三个优点是：把简报储存成HTML格式，就可以实现线上（online）简报。

PowerPoint的优点

- **简便的操作性**
  可以简单迅速地整合自己的构想
- **利用多媒体产生丰富的表现力**
  图形·图表·影像·动画·声音等
- **广泛无限的沟通传达**
  网际网络、区域网络对应

图5-24

（2）整体设计

常见误区：许多讲演者仅把演示文稿当做发言稿撰写，使用演示文稿替代发言稿，没有充分发挥演示文稿在报告讲授过程中的视觉辅助作用。这通常导致听众努力阅读演示文稿中的文字发言稿，干扰和分散了听众对讲演者本人发言的注意。

设计原则：讲演者整体设计自己的讲授，注意充分发挥演示文稿在讲演过程中的辅助作用，避免用演示文稿替代发言稿的做法。在讲演中注意发挥演示文稿的以下辅助作用。

1）辅助提示作用。演示文稿帮助讲演者组织思路，引导讲授线索，突出讲解重点，保障讲演有序进行。

2）提供直观视觉感受和体验。利用演示文稿将真实世界的图像展示在受众前，将抽象的或默会的理念转化成可视化图像向听众展示。

3）丰富讲述事实和内容。利用演示文稿作为多媒体平台，组织丰富的视觉听觉材料，讲述丰富动人的故事或者列举大量的实证资料。

4）发挥分析论证作用。在学术性或专项论证会议的报告中，讲演者为了分析某事物或项目的运作系统或内部关系、发展趋势，利用演示文稿提供分析的图表和充足的资料。

5）激发情绪和气氛。通过色彩、动画、音乐等元素的运用，使听众与讲演者之间产生情感互动，制造较好的课堂或会场气氛。

（3）简洁即美

常见误区：讲演者在演示文稿中写满了文字或者字体的颜色与背景的颜色混为一体或者塞满了各种图表与曲线，阅读十分费力。有时候讲演者看着屏幕读演示文稿讲稿，讲课变成了照本宣科，让人昏昏欲睡。

设计原则如下。

1）每张幻灯片突出一个主题。

2）只写发言要点，将发言要点精炼出关键词，不要把演示文稿当作 Word 文件，幻灯片中只出现关键性的词语或短句，而不是要讲的每句话。

3）应该尽量字少图多，详细的内容可以写在备注中或者另外使用 Word 文稿提供辅助学习的讲义和阅读资料。

4）如果希望为听众提供更多文字资料，可以将有关文字资料放在演示文稿的备注中，一方面可以作为发言者讲话的提示，另一方面可以制作阅读材料提供给听众学习。听众在课后可能需要复习资料，没有到现场的人也可能想了解相关内容，带有备注的演示文稿就像简易讲义一样非常有用（优化前和优化后分别见图 5-25 和图 5-26）。

着力打造两大品牌，努力重振**热线

- **全力打造品客网本地互动品牌**

从热线活跃人群入手

制订群组版主管办法，通过积分或其他奖励手段逐步将××热线已有互动栏目的用户群向品客网转移，逐步培养一批资深版主和资深行业人士建立起点话题群组，增强人气。

从行业入手

制订完善的商家管理办法和广告定价，邀请已在××热线长期驻扎的商家按照行业分类进行分批现场宣传培训。

和家盛时代等大型专卖合作，可帮助其建立官方群组，协助卖场商家上品客网。

走出热线实地营销

制作相关宣传资料到商家集中的步行街、家居城发放和讲解，可与宽带营销同时进行。

面向点评用户的宣传资料可发放到餐厅酒楼，附带小幽默供食客等待时取阅了解。

通过线下活动推广

与平媒合作，开展最热门商家、最牛品客的比赛，在品客网、平媒、电子杂志上展示优秀作品。

- **提高宽频世界用户体验**

宽频世界点播系统的扩容预计在第一季度内完成，届时影片转码耗时将大幅缩短，有效提高了上片速度，影片数量增速将明显提高。点播时先预缓冲 4 min 节目的模式也将有效改善用户的点播体验。

加强内容合作，除与长江网继续进行信源合作外，增加与湖南卫视的视频合作，提高宽频娱乐体验。

加强宣传推广，与长江网联合进行平面广告宣传，对宽频新版客户端软件进行推广宣传，供 2009 年快男赛事到快男百度吧宣传推广网站

加强活动组织，每周票选一个专题来对应寻找影片。

下半年实现与品客网的联动，通过丰富影视点评功能提高用户黏度。

图5-25

着力打造两大品牌，努力重振**热线

着力打造两大品牌，努力重振**热线

打造品客网本地互动品牌	提高宽频用户体验
◆ 加强网站人气，培养版主制造话题	◆ 完成宽频扩容，有效改善用户体验
◆ 与行业商家、卖场合作建设品客网	◆ 加强内容合作渠道
◆ 到商圈用户集中地作面对面营销	◆ 与多种媒体联合进行广告宣传
◆ 与平媒合作线下推广活动	◆ 加强活动专题策划组织
	◆ 实现与品客网联动，提高用户黏合度

图5-26

（4）换位思考

常见误区：讲演者在自己的计算机屏幕上设计演示文稿，无论字体大小、色彩、图片细节都看得十分清楚，但是到了会场，投影仪将演示文稿投射在墙上或屏幕上，坐在后面的听众却感觉非常迷惑。

设计原则如下。

1）幻灯片中的字体要大，保证坐在最后一排的学生都能够看清楚屏幕中最小的字体。

2）字体和屏幕背景的色彩要对比反差鲜明，如白底黑字、蓝底白字。

3）每页幻灯片中的文字不要超过 5 行，最好 3 行以下，字体大小和文字的行数是否合适，文字与背景的反差是否清晰，可以通过实际观察确定。设计幻灯片时，一定要使所有同学能够清晰看到演示文稿的内容。

（5）结构一致性

常见误区：在演示文稿中堆积过多的内容元素（文字、图片、色彩、动画等），干扰了听众对主题的注意和记忆；屏幕版式排列杂乱，前后幻灯片之间的内容联系缺乏逻辑顺序，使听众难以理解。

设计原则如下。

1）整体设计演示文稿的内容分布排列，报告与发言要有清晰、简明的逻辑主线，可以采用"递进"或"并列"两类逻辑关系组织内容。

2）整套幻灯片的格式应该一致，包括颜色、字体和背景等。要清晰地表达出讲演论点的层次性，每页使用不同层次的"标题"，包括字体逐层变小、逐层缩进等，同级的字体和大小、颜色一致，逻辑关系清晰。

3）设计较好的开始和结束幻灯片，设计醒目的标题和署名，每个章节之间可以插入一个空白幻灯片或章节标题幻灯片作过渡；结束幻灯片应该有一张结论性的幻灯片作总结，也可以留下讲演者或制作单位的署名和联系方式。

4）幻灯片演示的顺序以顺序播放为宜，切忌来回变换。

（6）可视化思维与表达

常见误区：讲演者把演示文稿当作 Word 使用，或者把相关段落复制在演示文稿中。

设计原则如下。

1）整体设计演示文稿时，充分考虑整个讲演稿的可视化设计，恰当地设计和安排可视化思维和表达结构。

2）将讲演的思想要点采用可视化的图形表达，将主要的文字段落抽象归纳出关键词，使用关键词标注可视化图形。

3）利用 Power Point 的"自选图形""绘图""插入组织结构图"或 Windows 的"画图"软件设计可视化图形。

4）为演示文稿加上可视化表达，还可以采用简笔画、概念图、示意图、照片等方法。

5）借助可视化思维工具软件设计幻灯片，如 Inspiration 和 MindManager 等（优化前和优化后的效果分别见图 5-27 和图 5-28）。

姓名	政治面貌	年龄	民族
张三	党员	40	汉族
李四	党员	50	汉族
王五	团员	25	彝族
钱六	团员	26	白族
孙七	群众	30	汉族
李八	群众	35	汉族

图5-27

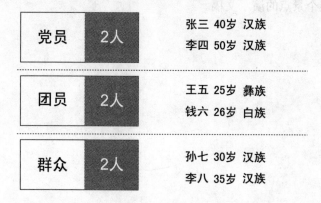

图5-28

活动评价

评价项目	评价标准	评价依据（信息、佐证）	评价方式			权重	得分小计	总分
			自我评价 20%	小组评价 30%	教师评价 50%			
关键能力	1）具有较强的实践能力、创新能力和创新意识 2）能参与小组讨论、相互交流 3）积极主动，勤学好问 4）能清晰、准确地表达 5）能举一反三、自主学习 6）具有团结合作精神 7）具有良好的审美意识和情趣 8）具有鉴赏能力	1）课堂表现 2）工作页填写				40分		
专业能力	1）能按照主题设计幻灯片，论点合理，文字简练符合主题 2）文字、图片、表格和图表等运用恰当 3）动画设置正确，幻灯片播放流畅	1）课堂表现 2）工作页填写				60分		

拓展练习

能力较强、做得较快的同学，可以灵活运用所学知识点，选做以下内容。

1）制作一个主题班会的演示文稿。

2）制作介绍某个景点的演示文稿。